林姓主婦的家務事

Cooking, Family And Life

「留著青蔥在，不怕沒菜燒」的
新世代主婦料理哲學

林姓主婦——著

suncolor 三采文化

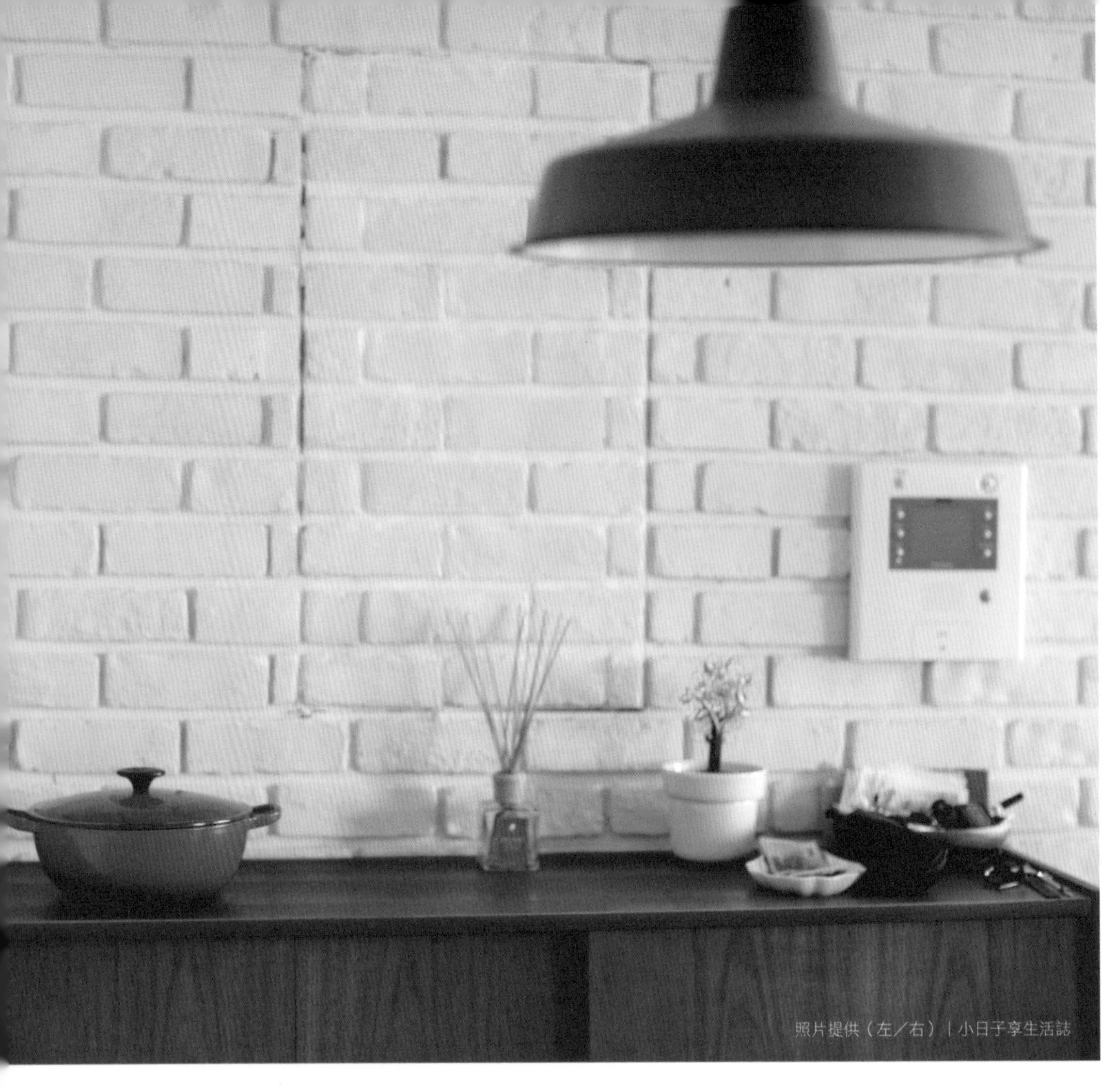

照片提供（左／右）｜小日子享生活誌

前言／

輕鬆地料理，好好地生活。

我不是個超級主婦，我不會跪在地上擦地板，我不會燙老公的四角褲，我不會把塑膠袋摺成小豆干收進紙盒，我不會做豐富澎湃的大菜。從傳統的觀點，身為一個主婦，我不會的事情太多了。

說穿了，我只是一個懂得不累死自己，做出一些簡易家常料理的主婦罷了。所以即便偶爾會在自己臉書放料理的照片，朋友看到會鼓勵我寫部落格分享，我總覺得沒什麼好教而作罷。

一直到 2015 年夏天，我才開始寫部落格，目的是為了記錄製作兒子副食品的過程與心得，以後生老二的話還可以回頭看。

慢慢地，我也開始記錄家常菜食譜。我經常在兒子午睡時悠閒下廚，把菜用喜歡的器皿裝著，放在落地窗前的木地板上，彎著身，趁午後的溫暖陽光，替那一道道菜留影。

寫食譜時，我總忍不住講一些無關緊要的垃圾話逗粉絲閱讀，不知不覺，這些食譜儼然成為我們這小小家庭相聚的美味日記，也代表我在忙碌的育兒瑣事中，仍然記得要好好過生活的痕跡。

直到出書在即的此刻，我還是覺得書中介紹的菜沒什麼了不起，但或許就是因為沒什麼了不起，才更能貼近多數人的日常生活。

看完後你可能會發現，只要掌握好小訣竅，不用搞到滿頭大汗，也可以煮出一桌人人搶著吃的家常料理；只要搭配簡約好看的食器，無需假掰高深的擺盤技巧，簡單放上，就會色香味俱全。兼具美感及生活感的料理，原來離你一點都不遙遠，如果因為這本食譜，讓你決定捲起袖子下廚，跟心愛的人共享在家用餐的時光，那會是我覺得再榮幸不過的事情。

謹以這本書向每個為了家庭努力奉獻的女人致敬。婚後擁有自己的家庭、特別是為人母之後，我們總不可避免地要暫時放下一些自我，去成就一家人更圓滿的生活，過程間的取捨絕不容易，期許我們能找到理想的平衡點，快樂過活。

最後，想感謝那始終挺我的老公，不管我做得好吃難吃他都歡喜吃，如此正面能量對於下廚的人非常重要，請男人們多多學習；也要感謝我的家人永遠相信我的決定，成為令我安心的後盾；當然也要感謝我兒子，多虧他肯按作息睡覺，肯找樂子自己玩，我才有空檔跟心力持續煮飯。

沒想到這樣五四三的內容也有幸集結成一本食譜書，就讓它作為我全職帶兒子這兩年給自己的一個禮物吧。

目錄

— Chpater 3 —

在家也能吃定食

— Chpater 4 —

來一碗暖胃的湯

— Chpater 5 —

一鍋到底的美味飯

— Chpater 6 —

隨時可吃的輕食小點

— Chpater 7 —

騙甲騙甲功夫菜

— Chpater 8 —

生活小事物

食譜分類說明

親子料理

雖然本食譜書並非特別為了小孩設計，但因為林姓主婦本身育有一子，有時還是會希望做的菜能順便打發掉他。

標示為親子料理的食譜，仍會調味，但口味相對清淡，且食材口感適合小孩咀嚼，一歲以上就可嘗試給予。

快速料理

代表備料簡單且烹調時間不長的料理，從頭到尾 10 ～ 15 分鐘內可以搞定（看個人手腳快慢），趕時間的時候，可以優先參考這類食譜。

事先做好也可以

代表這些菜就算前晚先做好，冰過再回熱，也不會太影響口感，忙碌的職業婦女可以趁週末做好，平日上菜會輕鬆很多。若需要宴客，也可從中挑幾道喜歡的菜色先準備，請客當天就不會手忙腳亂。

計量說明

1 小匙 = 5ml
1 大匙 = 15ml

特別說明一下，如果是醬料，我挖起後不會刻意刮成平匙，所以會是像 A 罩杯那樣的小尖匙。

然後啊，雖然我很盡力把調味料標示清楚明確，但大家買到的食材大小總跟我的不會一模一樣，調味料還是要依實際情況及個人口味斟酌調整。

做菜時，時時嚐味道、調味料慢慢補，才是好吃的關鍵。食譜上的計量都只是參考而已，相信自己的味蕾吧！

Chapter 1

一定受歡迎的簡易家常菜

主婦入門家常菜

主婦小撇步 01

好人緣的冰箱常備食材

對於忙碌的主婦而言，冰箱備有一些隨便搭配變化都好吃，而且相對耐擺的食材，可以大幅減少奔波採買的時間。

以下是林姓主婦冰箱常備食材，就算好幾天沒出門，我也可以靠它們變出一桌又一桌的家常菜（好敢講），在這裡分享給大家。

洋蔥

林姓主婦的冰箱永遠都要有一袋洋蔥。洋蔥是個很國際化的人才，煮各種料理都可以用得上，像是咖哩飯、親子丼、三杯雞、各種口味的義大利麵、紅燒牛腩、洋蔥牛柳、洋蔥炒蛋、洋蔥燒豆腐……講都講不完。

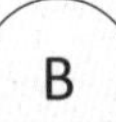

肉類

我固定會冷凍起來囤著的肉類有豬肉絲、豬絞肉、去骨雞腿肉排、帶骨雞腿塊、排骨、幾片魚排。

豬肉絲隨便搭配一個食材，就可以變成好吃又下飯的炒肉絲，食譜裡有介紹。豬絞肉可以做麻婆豆腐、香菇肉燥、泰式打拋豬、炸醬麵或是蒸肉排等等。去骨雞腿排可以做咖哩飯、香煎雞排、三杯雞、紅燒雞、烤肉醬雞腿排、辣子雞丁、麻油雞、馬鈴薯燉雞肉等等。帶骨雞腿塊、排骨可以燉湯。

魚排則是快速上菜的第一選擇，我習慣買肉魚、鮭魚、土魠魚、鯖魚、無刺虱目魚肚、真空鰻魚這種方便料理的。

牛番茄

無論是煮蔬菜湯、炒肉片、義大利麵或是吃牛肉泡麵，加顆番茄都覺得一切不一樣，沒事可以買來放著，冰一個禮拜沒有問題，想到加一下，美味又營養。

蛋

蛋的萬用應該不用多說，從吃早餐到吃泡麵都可以用。

豆腐

各種豆腐都可以，只要是密封包裝的，大多可以冰上大半個月，料理時非常好用，像是蔥燒豆腐、麻婆豆腐、皮蛋豆腐、日式洋蔥燉豆腐。

高麗菜、娃娃菜、大白菜

這三種菜都很耐擺，就算沒空去採買，有它們備著就不怕沒吃到青菜。

G 蔥

蔥不耐擺，但是非常好用的綠葉，可以搭配很多種不同菜色，若少了它會覺得悵然所失，所以我都會買一把冰著，總會有機會用掉。

H 蝦子

趁新鮮分裝冷凍，需要的時候解凍一小袋來用，像是煮麵時丟幾隻蝦子進去，拿來蔥爆或是簡單川燙，都會讓人有種吃好料的 fu。

I 南瓜

這好像是我有小孩之後才開始的習慣，家裡隨時都會有一顆南瓜 stand by。南瓜不切開的話非常耐擺，需要時可以拿來煮南瓜湯、香菇南瓜飯或是日式燉南瓜，直接切片烤來吃也行。

J 厚切培根

我喜歡在進口超市買厚切的培根冷凍起來，拿來炒四季豆、高麗菜都會特別好吃，需要煮義大利麵時，加入培根爆香就很提味。

> “以上食材應該可以給懶惰主婦很多運用的空間跟時間，很值得大家不管三七二十一就買來擺進冰箱（結果一擺就是一年不會吧），另外再搭配一些當季的菜，你的餐桌一定會精采萬分。”

Recipe 01

學一道抵十道

蔥爆肉絲

如果問我料理新手必學的第一道家常料理是什麼的話，答案一定是炒肉絲。只要學會這道菜的基本步驟，就可以自行變化出至少 10 道炒肉絲料理，即使料理新手口袋菜單少到下廚前嘴角會不自覺顫抖，每隔幾天端一盤炒肉絲上桌，也不太會被嫌棄。

食譜示範的是經典口味：蔥爆肉絲，但林姓主婦就好人做到底，把我其他常做的 10 道料理跟小提醒一次列出，這樣等於一次學超過 10 道菜，料理值瞬間增高超划算的有沒有！

1. 筊白筍炒肉絲（可搭配蔥段）
2. 甜椒鳳梨炒肉絲（甜椒可先川燙，炒的時候比較易熟。鳳梨最後加入即可，記得也加一些鳳梨汁，才會酸甜夠味）
3. 鳳梨蘆筍炒肉絲（鳳梨的處理同上）
4. 豆干炒肉絲（可搭配蔥段）
5. 沙茶青椒肉絲（沙茶就蠻鹹的，要注意醬油用量，用少許提味即可）
6. 黑胡椒洋蔥肉絲（可用醬油膏或蠔油取代醬油，再灑黑胡椒，口味會甜甜的，很像黑胡椒牛排醬。洋蔥要炒軟才會香甜，要先炒再加肉絲）
7. 榨菜炒肉絲（榨菜要先泡水，不然會很鹹。可搭配蔥段）
8. 韭黃炒肉絲（好像沒什麼好提醒的哇哈哈）
9. 蒜苗炒肉絲（可搭配少許豆豉，味道很搭）
10. 泡菜炒肉絲（可搭配洋蔥絲跟蔥段，用麻油爆香更對味，記得加一些泡菜醬汁拌炒，這樣只要再用少許醬油或是烹大師提味即可）

■ 快速料理　□ 親子共享　□ 事先作好也可以

食譜

材料（2～3人）

A
- 150g梅花豬肉絲｜用適量醬油及太白粉醃5～10分鐘。
- 1/4顆洋蔥｜切絲（若沒有可省略）。
- 4～5根蔥｜切段。
- 3～4瓣大蒜｜切碎。
- 辣椒｜切成小段或絲。

B
- 15ml醬油（醃肉分量之外）

作法（不含前置作業時間約10分鐘）

1_ 以少許油熱鍋後，將大蒜爆香。

2_ 加入洋蔥及蔥白拌炒至香氣出來，洋蔥帶點透明感。

3_ 加入肉絲炒至熟（若有些沾鍋，可以淋少許油到肉絲上面，會比較好炒散）。

4_ 加入蔥綠拌炒至軟。

5_ 加入醬油（若覺得醬汁太乾，可再補少許水）。

6_ 加入辣椒稍作拌炒，即完成。

- 炒肉絲我一般用梅花豬，比較嫩且耐炒。
- 也可以改用牛肉絲，但牛肉絲容易老，步驟需改成先炒肉絲，炒熟後起鍋，把搭配食材另外炒熟後，再把牛肉絲放入鍋中合體。
- 炒肉絲的步驟，基本上都是：
  1. 先爆香大蒜。
  2. 加入肉絲拌炒至表層變色。
  3. 加入搭配的食材炒至熟。
  4. 加入調味料（主要是醬油，其他如沙茶、米酒、紹興酒、清酒、黑胡椒等等），若覺得醬汁不夠，可加少許水。
  5. 炒辣的話，可以在起鍋前把辣椒放入稍作拌炒，即完成。

我醃肉的方式很簡單，就是用少許醬油跟太白粉，沒什麼了不起的撇步，醃個5～10分鐘就可以炒，準備上很快，不用擔心學不會。

Recipe 02

好人緣的餐桌必備菜

三杯雞

我覺得三杯雞在台灣家常料理中應該是算人緣非常好吧，就是那種一上桌大家就會紛紛把它夾到碗裡顧好，不會讓它在盤子裡孤伶伶的看起來很可憐，淪落到還要被媽媽催促才有人吃掉。

我自己就是三杯雞的忠實擁護者，每隔一陣子就會炒一份出來看看它。三杯雞最關鍵的香氣就是來自麻油、老薑跟九層塔，我每次去買九層塔一定是為了要炒三杯雞。

記得有次晚上要炒三杯雞，利用午休時間跑遍公司附近的超市買九層塔，沒想到竟然全賣完！我在街頭焦急地來回走著，想說晚餐該怎麼辦才好，結果我真的很聰明耶，竟然靈機一動，跑去正在準備開店的鹹酥雞攤想跟老闆買一小把（這種厚臉皮的事也只有林姓主婦做得出來了吧）。

我這請求完全就是莫名其妙，沒想到老闆完全明白我沒有九層塔就做不出三杯雞的苦悶，叫我自己走到備料區抓一把走，還說以後需要隨時再去跟他要，然後我就跟他要了 18 次這樣（沒有啦哪那麼不要臉）。

三杯雞需要一點點時間煨煮入味，有些人可能會因此覺得麻煩，但其實在等候的同時可以去煮其他的菜，我覺得這樣反而不會手忙腳亂，很適合料理新手喔！

□ 快速料理　□ 親子共享　■ 事先作好也可以

食譜

材料（2～3人）

A
- 2隻雞腿肉｜切小塊（帶骨、不帶骨皆可）。
- 5片老薑
- 5～8瓣大蒜｜拍碎。
- 3根蔥｜切段。
- 1大把九層塔｜去掉粗梗。
- 適量辣椒｜切段。

B
- 2大匙麻油
- 50ml醬油
- 50ml米酒
- 1小匙冰糖

作法（不含前置作業時間約15分鐘）

1_ 以麻油熱鍋後，將薑與大蒜爆香。

2_ 加入雞肉拌炒至表層變白。

3_ 加入醬油、米酒、冰糖、蔥段，待醬料與雞肉拌勻後，蓋鍋轉小火煨煮。

4_ 煨煮時間約10分鐘，但要不時打開鍋蓋拌炒一下，讓每塊雞肉都能均勻入味。待湯汁略微收乾，且雞肉已經上色，加入辣椒跟九層塔拌一下即完成。

- 可以的話，我會買帶骨雞腿肉，但要切小段，不然難入味。可惜現在我家附近沒有傳統市場可去，就用去骨雞腿排囉。
- 也可以加洋蔥、杏鮑菇。

Recipe 03

跟著做一次就上手

簡易清蒸魚

我是個只要有機會就偷學人家做菜的女子，每次去吃鐵板燒我都吃得很不專心，因為要忙著看師傅在變什麼把戲，還會一派自然跟師傅閒話家常，但其實是想要套出人家的食譜跟一些烹調小訣竅我心機好重。

日前去長輩家作客，他們晚餐要做清蒸魚，本來我在客廳蛇來蛇去，但一聽到馬上進廚房巴在阿姨身旁，因為我其實不太會蒸魚啊，每次買魚都會特別找適合乾煎的，畢竟煎魚除了怕被油花噴到破相之外，沒什麼難度；蒸魚就要先調好醬汁，然後又要蓋上鍋蓋不知道魚在裡面幹什麼（人家還能幹什麼呢）好神祕，讓我覺得難以掌握很緊張。

但跟阿姨一學，我才發現這樣做清蒸魚真的很容易耶，不用刨蔥絲刨到流目油，也不用燒熱油去淋魚，只要用非常簡單的配方跟直覺的作法，就能做出很有媽媽味道的清蒸魚，做過一次就會永遠收錄到你的腦海裡。

在此特別感謝蘇阿姨的教學，讓我在家可以常常跟清蒸魚相見歡。

■ 快速料理　■ 親子共享　□ 事先作好也可以

食譜

材料（1～2人）

A
- 1份適合清蒸的魚或魚片（種類很多，若不確定可以請魚販推薦）｜在表層抹上薄鹽。
- 1塊老薑｜切薄片（足以鋪在魚上面的數量）。
- 3根蔥｜切段。
- 1根大辣椒｜對切後去籽切絲（若要給小孩吃，可省略）。

B
- 20ml 醬油
- 20ml 米酒
- 適量香油

作法（不含前置作業時間約15分鐘）

1_ 鍋中放適量水，將蒸籠架上，蓋上鍋蓋用大火將水煮滾。

2_ 把魚放入盤中，鋪滿薑片在魚上，淋20ml米酒，待水煮滾後，放入鍋中繼續以大火蒸。

3_ 另起一個鍋子，以少許油爆香蔥段、辣椒絲，淋上20ml醬油，醬汁滾了即可關火。

4_ 魚蒸熟後，將盤中的所有水分倒掉，淋上醬汁即完成。

- 關於蒸魚的時間，蘇阿姨說需要一些經驗累積，也會因火力不同而略有差異，但基本上手掌大的算小魚，約7～8分鐘；再大半個手掌的算中型魚，約13～14分鐘。若沒把握，寧可蒸稍微久一些，也不要蒸一半打開鍋蓋確認熟度，這樣鍋中的熱氣散掉，再蒸會影響口感。
- 蘇阿姨覺得用大同電鍋蒸魚不好吃，但我覺得忙的時候這樣很方便，有需要的話可以改用大同電鍋，大家記得不要跟蘇阿姨說嘿。
- 醬油的量可自行依魚的大小調整，20ml是中型魚的量，若魚大一些，可以增加到30ml，若不確定寧可一次多弄一些醬汁，適情況斟酌淋上。
- 記得要一路用大火蒸。

Recipe 04

三分鐘限定的美味

家常排骨飯

排骨飯感覺一天到晚吃便當都會遇到，大概很少人會想到要在家自己做。但你仔細想想（搖你肩膀），外面的排骨才剛炸好就被悶在便當盒裡，一打開盒蓋還有滿滿的水珠直接滑到排骨上，這樣濕濕軟軟的排骨，你吃了不會哭粗乃嗎？（林姓主婦心靈好脆弱）

如果自己在家現做，只要掌握好出菜的順序，把別的菜先做好，最後再炸排骨，排骨一起鍋就趕緊瀝乾油、手刀送上餐桌，並且緊急呼叫全體成員衝過來開飯，全程不得超過三分種（好啦沒那麼誇張請不要在家跑到跌倒），大家一起咬下酥脆的外皮，你才知道原來啃剛出爐的排骨是這種聲音啊（拍額頭）。

自己做排骨飯非常簡單，只要在醃料裡加五香粉，味道就對了，然後再裹地瓜粉去炸。雖說炸，但其實不需要用太多油，只要在平底鍋把油加到約 1 公分高，就能以半煎炸的方式讓排骨變得金黃酥脆；而且肉排在醃之前就已經被拍得薄薄，煎一下就好，不用在爐子前來回踱步想說裡面到底熟了沒，成果肯定好吃，有機會一定要試試看！

食譜

材料（2人）

A
- 2～3片梅花豬肉排（厚度約1公分）｜以肉捶或刀背將肉排拍扁，用大蒜及B項材料醃1小時。
- 6～8瓣大蒜｜切細末備用（我是用壓蒜機，比較快）。

B
- 20ml 醬油
- 10ml 米酒
- 1/2 茶匙五香粉
- 1/2 茶匙白胡椒粉

C
- 適量地瓜粉

作法（不含前置作業時間約10分鐘）

1_ 熱油鍋（鍋內的油1公分高即可），將木筷放入油中，筷子周圍有小泡即代表油溫夠高，轉中火。

2_ 取出肉排，將明顯的蒜末撥掉，雙面沾滿地瓜粉入鍋煎炸至金黃色，起鍋放在瀝網稍微瀝乾油，即完成。

- 大家買到的豬肉排大小可能不太一樣，不見得可以完全遵循我的食譜，但是可參考醃料的比例去調配。
- 要注意肉跟醃料抓勻後，不該還有部分肉排仍泡在醬汁裡面，這樣代表醃料過多，會讓排骨變太鹹，只要表層都有均勻沾上就夠入味。若發生醃料過多的狀況，記得把醬汁瀝出再繼續醃。

Recipe 05

先煮好就能10分鐘開飯

番茄紅燒牛肉

有天姊妹們要來家裡聚會，來之前接到其中一位的電話，用一種龜縮的語氣問我願不願意煮晚餐給她們吃，電話開頭還稱呼我林姓主婦，是有沒有那麼見外。

其實過去很常招待朋友來家裡吃飯，比起上館子，我更享受跟朋友們毫無拘束地窩在家裡。自己親手做的料理，雖不是什麼山珍海味，但每一道都有我滿滿的心意，我覺得沒有更好的方式來表達我對他們友情的珍重。

只不過現在一邊要帶小孩，對於要抽空煮出一桌菜招待朋友，真的會有點力不從心，於是那次我很反常地斷然拒絕，跟她們說我們叫外賣啦，不要整我這個媽媽了。姊妹在電話那頭聽到應該臉都歪了，想說我明明在寫料理部落格，一副很熱衷做菜的樣子，卻不

肯煮飯給她們吃，這林姓主婦根本只是做做表面形象而已吧！

還好在我名聲敗壞之前，想到其實不需要煮一桌菜，只要前一天先煮好一鍋紅燒番茄牛肉，聚會當天熱一下就好，反正大家要邊顧小孩邊聊天，七嘴八舌手忙腳亂，直接捧一盤燴飯在手上就可以吃，比要大家坐下來吃一桌菜還要實際得多。果然今天靠這樣一鍋，就把四大一小餵飽飽，大家開心，我也樂得輕鬆。

燉牛肉需要一點時間，可以趁放假有空煮一鍋，之後晚上回家，你也可以 10 分鐘上菜。

☐ 快速料理　☐ 親子共享　■ 事先作好也可以

食譜

材料（6～8人）

A
- 7～8條牛肋條｜把明顯的油脂切掉，切大段（每塊4～5公分為佳，若切太小，燉一燉肉會散開不見）。
- 約20大塊白蘿蔔
- 1條紅蘿蔔｜切大塊。
- 1顆洋蔥｜切大塊。
- 2顆新鮮牛番茄｜切大塊（還會加番茄罐頭，若沒有新鮮番茄也沒關係）。
- 5片老薑
- 5瓣大蒜｜拍碎。

B
- 2大匙辣豆瓣醬
- 80ml醬油
- 1罐整粒番茄罐頭（Whole Peeled Plum Tomatoes，14.5oz，大概是牛頭牌高湯那樣的大小）
- 1/2罐番茄糊罐頭（Paste，6oz，比養樂多大一些的那種包裝）

C
- 約1000ml水｜淹過料即可。
- 適量太白粉｜兌水備用。

作法（不含前置作業時間約2小時）

1_ 以少許油熱鍋後，將薑與大蒜爆香。

2_ 加入洋蔥拌炒至微焦黃。

3_ 加入牛肋條，翻炒至牛肉表面變熟。

4_ 加入30ml醬油、辣豆瓣醬（此時加入醬油只是讓牛肉上色，所以先加部分就好），跟牛肋條拌炒均勻。

5_ 加入番茄、白蘿蔔、紅蘿蔔、1罐整粒番茄罐頭及1/2罐番茄糊罐頭，再拌炒一下。

6_ 加入水及50ml醬油，煮滾後即可撈起浮沫，並且試吃湯汁確認鹹度，接著蓋鍋轉小火慢燉1.5小時。

7_ 用筷子戳一下牛肉，若可輕鬆穿過，代表牛肉已經燉軟，可以關火。若不急著吃，可以蓋上鍋蓋繼續燜，讓食材味道最後融合一下。

8_ 以太白粉水勾芡後，即完成。

- 這樣做起來蠻大一鍋，若是小家庭，可以不要勾芡，先當番茄牛肉麵吃一餐，剩餘的料再勾芡弄成燴飯，一鍋兩種吃法，比較不會膩。
- 番茄罐頭在進口超市或連鎖超市就有在賣，不會很難買。

主婦小撇步 02

快速料理第一步：買菜回家之後的整理

採買真的是蠻辛苦的一件事，大包小包回到家，根本只想把東西全部往冰箱裡塞，倒在沙發上不再動，但這樣其實會讓之後每次料理費更多心力準備，整體而言，得不償失。

所以即便萬般個不願意，請還是跟我一起深呼吸，把遠光放遠一點，提醒自己先苦後甘的大道理，來，我們來把東西整理好。

以下為 5 個我覺得比較重要的大原則：

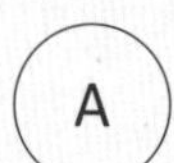

A 凡是要進冷凍庫冰的東西，都先用保鮮袋將每餐的分量分裝好

如肉絲、絞肉、蝦、透抽、魚，都先依每餐的分量分裝好。以肉絲為例，我一道菜大概都是用 1/4 斤（如蔥爆肉絲，2 人份），我買 1 斤的肉絲回家分成四包剛好。也因為肉絲已經以一餐為單位分好，若快用完我馬上就會注意到，下次去採買時就可以補貨。小袋分裝好後，前一晚就可以拿到冷藏室讓它慢慢解凍，隔天直接烹調，避免一堆食材凍在一塊，為了取出部分，需要反覆解凍再冷凍，影響食材新鮮度。

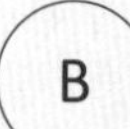

B 排骨、帶骨雞腿肉等，先川燙好，再分裝

排骨跟帶骨雞腿肉若要拿來燉湯，一定要先川燙，才不會讓湯中帶有很多雜質。川燙後再冷凍，之後要煮湯就可以直接丟進鍋，快速很多。若帶骨雞腿肉是想要炒或滷來吃，就不用特別川燙，直接生的去分裝就好。

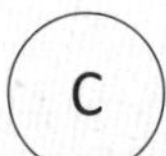

蔬果類我會直接冰，搞剛一點的作法是用白報紙包，這樣可以保鮮更久

但冰之前，要打開袋子注意一下有沒有多餘水分，特別是傳統市場的攤販常在蔬果上噴水，客人要買就直接從籃子拿起裝進塑膠袋，若買回家就這樣原封不動冰進去，一、兩天後打開看，肯定會因為濕氣過多而開始爛掉。辛辛苦苦買回家的菜，卻在要煮之前才發現不能用，你會氣死。若看到蔬果上還有水珠，放在流理台上先晾一下，晚一點再冰，或是把袋子封口打開，讓水分在冰箱中慢慢蒸發掉。如果冰箱蔬果室保鮮效果還不錯，其實也可以直接拿出來放冰箱，就不用擔心受潮。

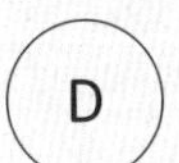

其他林林總總的東西，像是乾貨、辛香料等，不需要特別前置處理，但要收在對的地方

這類東西很容易只用一點，其他需要繼續保存，如果你的冰箱或食品收納櫃沒有把他們統一放在固定收納處，每次都是小袋小袋塞進冰箱的話，你一定會搞不清楚哪些東西到底還有沒有，結果就是你一直重複買，然後東西一直放到壞。我乾貨類都固定放在冰箱的真空室，這樣還可避免乾貨較重的味道四散冰箱。若冰箱沒有真空室，也可買一個大一點的保鮮盒，統一裝在裡面，一目了然，料理時要拿取也方便許多，省去在冰箱裡東翻西找的時間。

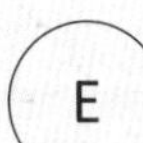

要儘快吃掉的東西，放外層

我冰箱冷藏室東西一般不會太多，不太容易發生東西擺到壞的問題，但我相信很多大家庭的冰箱非常擁擠，像市場賣的新鮮板豆腐這類容易壞的東西，如果直接往裡頭塞，不小心就會擺到壞。所以在冰東西的時候，也順手把容易腐敗、需要儘快吃掉的食材放在顯眼的最外層，時時提醒自己要把它用掉。

> “這些都是一些小習慣，養成之後，會提升料理的效率，更會讓你的冰箱看起來賞心悅目一些，下次買菜回家，試試看這樣整理吧！”

Recipe 06

療癒離家遊子的媽媽味

家常滷肉

我相信每個家庭都有專屬的滷肉味，放學回家進家門時，若聞到媽媽正在滷肉，疲憊的心馬上得到慰藉。現在可能離家了，獨自在外生活，去餐廳找不到這種家常味，不如自己滷一鍋，不用20分鐘的準備，無論你在哪裡，都會吃到家的味道。

☐ 快速料理　☐ 親子共享　■ 事先作好也可以

食譜

材料（4～6人）

A
- 2 條帶皮豬五花肉｜切成約 3 公分的大塊（2 條約可切成 14～15 塊），川燙。
- 10～12 片豆干
- 6～8 瓣大蒜｜拍碎。
- 5 根蔥｜切大段。

B
- 120ml 醬油
- 50ml 米酒
- 1 小匙冰糖

C
- 1000ml 水｜淹過料即可。

作法（不含前置作業時間約 2 小時）

1_ 以少許油熱鍋後，將大蒜爆香。

2_ 加入川燙後的帶皮豬五花稍微拌炒。

3_ 加入 30ml 的醬油爆香，稍微翻炒讓豬肉上色（這時候已經香到不得了，讓人很想扒飯，但千萬要忍住，因為肉還沒熟啊）。

4_ 加入 1000ml 水、50ml 米酒、90ml 醬油、蔥段、1 小匙冰糖、豆干，水滾後確認一下鹹度。

5_ 蓋上鍋蓋，以小火滷 1 小時後，取出豆干，繼續蓋鍋滷半小時，即完成。

- 夏天鳳梨盛產的時候，若家中有鳳梨，可把鳳梨心一起丟進去滷，湯汁會更回甘不死鹹，是讓滷肉更好吃的小祕訣。
- 滷海帶的話，記得海帶比較容易入味，要跟豆干一起先取出。若不想要整鍋滷汁滿是海帶的味道，也可以先吃過一輪後，再利用剩餘的滷汁滷。
- 剩餘的滷汁也可以再拿來滷桂竹筍。
- 冰過的滷肉，表面會結一層白色的豬油，可以在加熱之前先用湯匙挑起，這樣滷汁會少些油膩。
- 若是2～3人的小家庭，可以買一條豬五花就好，醬汁分量可以直接先減半，再看要不要調整，但我喜歡一次滷大鍋一點，分好幾天吃我也開心。

Recipe 07

相見恨晚的方便菜

蔥燒雞腿

以前我總覺得滷雞腿要用八角，但我偏偏不是很愛八角的味道，挑戰了幾次都沒覺得特別好吃，後來滷雞腿就慢慢在我生命中淡出，鮮少想到要做。

前陣子偶然買了一份滷雞腿便當，那家口味很清淡健康，就揪兒子一起吃，沒想到他人生中第一次吃到滷雞腿，竟然瘋狂愛上，我用筷子剁小塊給他，他一口一口無停歇地塞，因為雞腿已經滷到十分軟嫩，兒子牙還沒長齊也吃得輕鬆無比，一整塊他幾乎完食，讓我很想去深深擁抱那家便當店的老闆（不好吧），感謝他餵飽我兒子。

既然兒子喜歡，老娘當然要想辦法自己做做看，便認真品嚐僅存的那最後一絲雞肉，再閉眼想了一番大概怎麼做。我很確定老闆沒有放八角，估計就是用蔥、薑、蒜、醬油跟糖去滷，憑著感覺試做一鍋，沒想到真是好吃到嚇死人，老公兒子都愛吃！

滷雞腿比滷豬五花或是牛肉都還要方便，因為不需要再花時間切肉跟川燙，整支雞腿直接下去滷就好，前置作業只剩切切蔥薑蒜，如此簡單我怎麼那麼晚才想到要做呢！

☐ 快速料理　☐ 親子共享　■ 事先作好也可以

食譜

材料

A
- 8 支棒棒雞腿
- 5 根蔥｜切段。
- 5 瓣大蒜｜拍碎。
- 3 片老薑

B
- 80ml 醬油
- 80ml 米酒
- 2 小匙冰糖

C
- 600ml 水｜淹過料即可。

作法（不含前置作業時間約 1 小時）

1_ 以少許油熱鍋後，把大蒜、薑片、蔥白放入爆香。

2_ 加入雞腿，接著放入醬油，拌炒一下讓雞腿表層約略沾到醬油。

3_ 把米酒、水、冰糖及剩下的蔥綠加入鍋中，滷汁滾後，轉小火蓋鍋滷 1 小時即完成。

- 若要用切段的雞腿塊（帶骨的），滷之前要川燙一下，才不會產生太多浮沫雜質。
- 若要給小孩吃，可把滷好的雞腿另外用滾水煮一下，把滷汁沖淡一些，口味會比較清淡。

Recipe 08

肉醬界的扛霸子

香菇肉燥

相信對全台灣人而言，肉醬界的扛霸子非香菇肉燥莫屬，如果眼前有一份米其林三星料理，跟一碗香菇肉燥飯，我想 99% 的台灣人會毫不猶豫選香菇肉燥飯，沒選的那 1% 我強烈懷疑是因為上一餐才剛吃過。

林姓主婦 18 歲唸大學後就離家生活了，過了好幾年三餐都吃外食的日子金摳連，有時傍晚走在巷弄之間，好死不死剛好聞到某戶人家正在滷肉燥，醍醐香非常離譜地蔓延了三百公尺，我都有股衝動想捧碗白飯去敲門，拜託他們好心分我一些滷汁，讓我嚐嚐家的味道。

現在自己成為主婦，香菇肉燥在我的廚房依舊扮演著舉足輕重的角色，不但準備容易、絞肉無需任何前置作業就可以直接下鍋、不用很長的時間熬煮入味，1 小時內就可以弄出一鍋香氣逼人的萬用肉燥，特別適合忙碌的全職媽媽或是職業婦女，只要找個空檔提前煮好，晚餐就可以輕鬆上菜。

這是一鍋讓主婦覺得安心的家常好料理，讓家人聞到就會準時乖乖上桌吃飯的力量，居家必備，請務必找時間滷一鍋吃吃。

☐ 快速料理 ☐ 親子共享 ■ 事先作好也可以

食譜

材料（5～6人）

A
- 300g 豬絞肉
- 6～8 朵乾香菇｜泡軟後將水分擠出，切丁（香菇跟絞肉的比例可約略抓 1：1），香菇水留著。
- 6～8 瓣紅蔥頭｜切丁備用（用大蒜也可）。

B
- 1 小匙冰糖
- 60ml 醬油
- 60ml 米酒
- 1 茶匙白胡椒粉
- 1 茶匙五香粉（若沒有可省略）
- 1 大匙油蔥酥

C
- 約 400ml 水（含香菇水）

PS. 食譜示範中有放滷蛋跟豆干，醬汁有多補一些醬油跟水，味道才滷得進去。以下為我調整後的用量，供大家參考：
- 5～6片大豆干｜表面用刀畫X備用，比較好入味。
- 4顆雞蛋｜水滾後轉小火將雞蛋放入煮8分鐘，取出冷卻剝殼備用。
- 100ml醬油
- 650ml水（含香菇水）

作法（不含前置作業時間約 40～60 分鐘）

1_ 鍋中放入少許油，以小火將紅蔥頭或大蒜爆香（火不要開太大，冷油時就可以丟入，讓它慢慢隨著油溫升高、爆香，才不會焦掉）。
2_ 加入香菇，拌炒至有香氣。
3_ 加入豬絞肉，炒至熟。
4_ 加入冰糖，炒至冰糖融化。
5_ 加入醬油，與料攪拌均勻，稍微炒一下讓香氣出來。
6_ 加入米酒、水、五香粉、白胡椒粉；若要滷蛋跟豆干，在此時一併放入。
7_ 湯汁滾後，蓋上鍋蓋，轉小火燉 1 小時（若沒有滷蛋跟豆干，燉 30 分鐘即可）。
8_ 最後加上油蔥酥，即完成。

滷汁滾的時候，就可以嚐味道調鹹淡，因為滷汁會越滷越濃，可於滷30分鐘時再確認一下，這時的味道就很準了；覺得不夠鹹還可以補點醬油，太鹹就加點水。

香辣下飯的餐桌好咖

麻婆豆腐

在上大學離家生活前，我是個完全不會進廚房幫忙的不肖女，曾跟媽媽說過幾次要跟她學做菜，但總是虎頭蛇尾瞄兩眼就決定去看電視，對於煮飯可說毫無概念，興致也不高，根本不知道吃進嘴的每一道菜是如何組合出來的。

還記得高中某個暑假遇到了國小同學，發現他唸廚藝學校，我大感佩服，覺得年紀輕輕就會做菜根本是天才，還問他會不會做麻婆豆腐，可見對那時的我而言那是一道看起來很複雜、需要高深功力的料理。

後來自己慢慢開始跟著食譜做一些菜，發現麻婆豆腐原來那麼簡單，我當年竟然拿這道菜考我同學真是太沒見識了啊！！麻婆豆腐說起來就三個動作：爆香，把絞肉炒熟，加水到鍋中把豆腐煮熟。雖然貴為餐廳常見菜色，但對料理新手而言，在家中做出來也非常合理，香辣下飯人人愛，而且它有能當主菜的格局，又有屈居配菜的雅量，是餐桌上的好咖啊！

■ 快速料理　□ 親子共享　■ 事先作好也可以

食譜

材料（2～3人）

A
- 150g 豬絞肉
- 1 盒嫩豆腐｜切塊備用。
- 3 瓣大蒜｜切碎備用。
- 1 小截薑｜切細丁備用。
- 2 根蔥｜切細段備用，蔥綠跟蔥白分開放。

B
- 2 小匙辣豆瓣醬
- 10ml 醬油
- 少許太白粉｜兌水備用。
- 花椒粉或辣油（依個人口味添加）

C
- 150ml 水

因為老公吃辣很弱，我的版本（不加辣油跟花椒粉）是屬於小辣，只有辣豆瓣醬的辣，一般人都可接受。

作法（不含前置作業時間約 10 分鐘）

1_ 熱油鍋，將大蒜、薑及蔥白丟入鍋中爆香。

2_ 加入絞肉，炒至熟。

3_ 加入 2 小匙辣豆瓣醬及 10ml 醬油，跟絞肉拌炒均勻（若要加花椒粉可於這時加入）。

4_ 加入 150ml 的水，把湯汁調勻，放入豆腐（水大約會蓋到的豆腐七、八分滿，若加了豆腐發現水不夠，可再補）。

5_ 豆腐用小火滾 5 分鐘入味，最後用太白粉水勾薄芡，灑上蔥綠即完成（想再辣一些可最後淋辣油）。

Recipe 10

煎豆腐就像搞曖昧

蔥燒豆腐

以前看料理節目主持人準備示範煎雞蛋豆腐時，我都在電視機前面緊張到猛咬指甲，因為雞蛋豆腐真的很嬌嫩啊，隨便被鍋鏟弄到一下就皮開肉綻，我想說如果主持人要翻面時當場把豆腐弄碎，現場應該尷尬到攝影機鏡頭都碎裂了吧？他以後在料理界還能做人嗎？這節目還開得下去嗎？（是否把事情想得太嚴重不過就是一片豆腐）

等到自己要煎的時候，我也都用一種戰戰兢兢的心情守護著鍋中每一片豆腐，但煎過幾次之後，我就明白其實訣竅很簡單，就是不要手很賤一直去弄人家給人家翻來翻去啊！要耐著性子等一面煎到焦黃後，再深呼吸，一氣呵成翻面，這樣因為一面已經煎焦比較定型，就不太會碎。

啊你如果忍不住一直去翻面，就好像跟人搞曖昧，人家還在醞釀對你的愛意，你就在那邊一直問，想要人家給個答案，本來有機會成的一樁好事就被搞掉了。林姓主婦用這種非常生活化的例子（？）來解釋煎豆腐的技巧，是否非常平易近人，讓你一聽就明白呢？

蔥燒豆腐雖然其貌不揚，卻是非常家常又美味的一道佳餚，我經常煮來當配菜吃。因為加了一點糖，吃起來微甜不死鹹，搭配我慣用的黃金醬汁比例，用最基本的食材跟調味料就可輕鬆做出！

■ 快速料理　■ 親子共享　□ 事先作好也可以

食譜

材料（2～3人）

A
- 1盒雞蛋豆腐｜將水份瀝乾，切成約1cm厚的片狀，1盒約可切8片。
- 3～4根蔥｜切段。

B
- 1小匙細白糖
- 20ml醬油
- 20ml米酒
- 20ml水

作法（不含前置作業時間約10分鐘）

1_ 將上述B項調味料先混合好備用。

2_ 以適量油熱鍋後（建議使用不沾鍋），將豆腐小心放入鍋中，煎到兩面焦黃（油可以放多一些些，會比較好煎）。

3_ 拿一張餐巾紙，用筷子夾住，將鍋中多餘的油吸出。

4_ 將蔥段放在鍋中其他空位，倒入醬汁。約10秒左右，醬汁會大致被豆腐及蔥段吸收，即完成。

- 煎豆腐的時候，可一手拿木鍋鏟，一手拿長木筷，用長木筷輔助翻面，會更容易成功。
- 若家中剛好有清酒，可用清酒取代米酒，吃起來會有一種迷人香氣喔。

Recipe 11

媽媽的心機料理

紅蘿蔔煎蛋

大家總說女人心海底針，但當媽媽這一年多來，我覺得小孩心才是正港海底針吧！特別在吃這件事情上，完全就是讓人摸不著頭緒，有夠難搞！像我那高拐的兒子，明明前幾天才吃櫻桃吃到不亦樂乎，讓老母甚感欣慰，馬上砸錢再買一大盒，辛辛苦苦去好籽，還不小心割傷玉手，結果兒子一看到卻撇頭說不要，一口都不肯吃！讓我懷疑他到底是失憶症還是人格分裂，難道真的忘了之前有多愛吃嗎？

在他這種一歲多半獸人的階段，對於食物的喜好有著相當詭異、只有他自己才知道的標準，我無法預料他每天會吃進哪些東西。是還好老娘經過這幾個月的磨練，早已學會把這一切看得雲淡風輕，反正醫生都說小孩不會把自己餓死，我就煮我跟老公自己要吃的，把三道菜放餐桌上，他要怎麼吃我都隨便他，有吃就好。

雖然說得輕鬆，但其實此時的我打字打到鼻酸，覺得被兒子搞得好累（捏鼻子）。好啦是沒有戲那麼多，不過為了讓兒子吃得均衡些，在準備菜色上還是可以用點心機，讓他一個不留神就吃下超多營養，紅蘿蔔煎蛋就是我的王牌之一。應該很多媽媽都會希望小孩愛吃紅蘿蔔吧，不但便宜、好取得、耐擺放，營養價值又高，但紅蘿蔔處理不當的話，會有一種草腥味，很多大人都不吃了，更何況小孩。其實紅蘿蔔沒有那麼難駕馭，若要讓紅蘿蔔變得香甜，關鍵就是讓它熟透，無論是靠蒸、燉煮或是炒。

這次示範的紅蘿蔔煎蛋，處理上要掌握「先把紅蘿蔔絲炒熟」這個訣竅，多了這小小的步驟，保證會做出你吃過最好吃的紅蘿蔔煎蛋，完全沒有草腥味，還甜到不行！今天我就弄這個給兒子吃，他一口接一口，根本不知道自己已經傻傻吃下一整條紅蘿蔔！兒子，這次，媽媽贏了哇哈哈！（轉身填積分表）

■ 快速料理　■ 親子共享　■ 事先作好也可以

食譜

材料（2～3人）

A
- 1根紅蘿蔔｜刨絲。
- 3顆蛋｜打成蛋汁。
- 3條蔥｜切小段。

B
- 1小匙醬油
- 1/4 茶匙鹽

作法（不含前置作業時間約10分鐘）

1_ 以少許油熱鍋後，加入紅蘿蔔絲拌炒至軟。

2_ 在鍋中加入醬油，與紅蘿蔔絲拌勻後先起鍋。

3_ 在蛋汁中加入蔥花、剛才炒好的紅蘿蔔及鹽，攪拌均勻。

4_ 補少許油在鍋內，將蛋汁倒入，以中小火煎，待雙面煎到金黃色，即完成。

主婦小撇步 **03**

配菜的黃金公式

開始自己下廚後，才明白做菜不是件容易的事，為了把一桌菜端上桌，事前要考慮的事情其實非常多。家裡有什麼菜？能煮出些什麼？想試試看新的菜色，但以自己的手藝會成功嗎？來得及準備嗎？要怎麼配菜？家人會喜歡吃嗎？這個食材最近會不會太常用？

相信這些問題在許多人下廚之前，都會像走馬燈一樣在腦海中閃過一輪。比較有料理經驗的人，只是會快一些得到答案，而比較沒經驗的人，可能就會卡在某一個環節破不了關，覺得苦惱。

上述的各種關卡中，我個人認為「要怎麼配菜」是最大的一關魔王，若菜色之間沒有搭配好，可能會不小心讓一桌菜全都太清淡，無法讓人食指大動，或是太重鹹太下飯，讓人吃到覺得口渴油膩喘不過氣，另外還要顧及營養均衡的問題，真是挑戰重重。

我分享一下自己配菜的公式，有這些公式之後，在配菜時會比較像「填空題」而不是「申論題」，會幫助你快一點想到答案，採買時也會比較有方向一些。我平日習慣煮中式三菜（不一定會有湯），以下討論是以這樣的方向為出發點。

1. **主菜**：肉類（雞、豬、牛、魚）。
2. **配菜**：蛋、豆腐、海鮮或絲瓜、蒲瓜、桂竹筍、菇類等非綠色蔬菜的菜類。
3. **綠色蔬菜**

黃金原則：

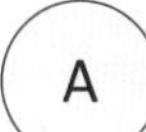

A 要有一道下飯的菜，但一道就好

請想像如果你眼前是這樣一桌菜：三杯雞、麻婆豆腐、魚香茄子，你有沒有覺得煮飯的人逼你吃三碗飯的意圖很明顯？這三道菜都很好吃，但同時擺出來卻讓人有點承受不起，那是因為都太重鹹、太下飯了。

我個人也蠻害怕整桌都是非常清淡的菜，像是三道基本上都是蔬菜，頂多有幾條肉絲，而且肉絲還不幫人家醃一下，直接加鹽炒炒而已，這樣雖然很健康，但我吃起來會覺得心靈很空虛寂寞，可能會吃到哭粗乃，很想偷偷去廚房淋一點醬油在飯上狂嗑幾口。

所以呢，請記得這個黃金原則，下飯菜要有一道，但一道就好。如果你不太知道怎麼分辨下不下飯，那試著「有一道菜用醬油」，其他的用鹽就好。雖然我很愛醬油的鹹香，但用太多絕對不行，這樣配出來的三菜，會是讓大家腸胃比較舒服的。

B 雞、豬、牛、魚輪番上陣

通常都會有一道肉類來當主食，下飯的菜一般就是由這道菜來擔任，我列一些肉類的家常菜色給大家參考。

- **雞**：三杯雞、咖哩雞、馬鈴薯燉雞肉、紅燒雞。
- **豬**：炒肉絲料理、家常滷肉、椒鹽松坂豬。
- **牛**：同上的肉絲料理、紅燒牛腩、黑胡椒牛小排。
- **魚**：最方便的是可以直接乾煎的鮭魚、肉魚、土魠魚、鱈魚，另外也可買李錦記的蒸魚醬油，很方便好吃。紅燒魚我就比較少做了。

C 善用蛋、豆腐、海鮮或絲瓜、蒲瓜等非綠色蔬菜的菜類當配菜

- **蛋**：紅蘿蔔煎蛋、番茄炒蛋、菜脯蛋、蒸蛋、吻仔魚煎蛋、蝦仁炒蛋等。
- **豆腐／豆干／豆皮**：蔥燒豆腐、麻婆豆腐、皮蛋豆腐、日式洋蔥燉豆腐、芹菜炒豆干、三杯豆皮、乾煎生豆皮（沾大蒜醬油＋黑醋）等。
- **海鮮**：芹菜炒透抽、川燙透抽（沾醬油芥末）、香煎椒鹽透抽佐檸檬汁、蔥爆蝦、川燙蝦（沾醬油芥末）、蛤蜊絲瓜等。
- **非綠色蔬菜的菜**：絲瓜、蒲瓜、小黃瓜炒花枝丸／甜不辣／貢丸、大黃瓜、鮮蝦蘆筍、桂竹筍、三杯綜合菇、碗豆炒菇（可加烹大師）等。

D 永遠都有一道綠色蔬菜

這最簡單，基於營養健康考量一定要有，挑當季的新鮮綠色蔬菜來煮就好。

> 運用我說的黃金原則，再去看主菜、配菜、跟綠色蔬菜要怎麼挑，或許下次你會覺得配菜變容易一些。

Chapter 2

不 用 一 桌 菜 也 大 滿 足

一碗麵搞定全家

Recipe 01

可以翹腳等老公的絕招

家常牛肉麵

說真的有時我也不想下廚，但我家附近好吃的外食少得可憐，每次偷懶的下場就是我跟我老公含淚吃了難吃的外帶餐，雖然肉體有稍微休息到，但味蕾卻因此受苦，完事（？）之後我總感到一陣惆悵。

還好，在有點懶又不是太懶的時候，我有一個大絕招，就是煮一鍋家！常！牛！肉！麵！（是要吼多大聲）煮一大鍋就至少夠我跟老公吃兩頓麵，最後剩餘的部分再勾芡，加個青菜變成牛腩飯，等於三頓晚餐都有著落，可以翹腳捏鬍鬚悠閒等老公下班，到家時我只要下麵給他吃就搞定，多輕鬆啊！（是下麵不是下面喔）（林姓主婦這是在開黃腔嗎）算是投資報酬率很高的一道料理啊！

這家常牛肉麵是跟我媽媽學的，因為加了很多番茄、洋蔥、紅蘿蔔跟白蘿蔔，湯頭有濃濃的蔬菜甜味，跟一般外面吃到的紅燒口味完全不一樣，好吃到連打嗝時再次嚐到那餘味都是享受，是林姓主婦的自信之作，如果哪天我們家生計出了問題，我看我就出來賣好了。

煮牛肉麵不麻煩，但需要 3 小時的細火熬煮，牛肉才會軟爛入味。我一般不會熬完就馬上吃，會蓋上鍋蓋用餘熱繼續悶燉食材，冬天時更是晚上煮好直接放到隔天早上，如此一來，裡面的牛肉跟蔬菜經過一夜的水乳交融，味道會更上一個樓，湯頭變得濃郁香甜，牛肉入口即化，那是用火硬熬也無法展現的美味，在此分享食譜給大家！

☐ 快速料理　☐ 親子共享　■ 事先作好也可以

食譜

材料（6-8 人）

A
- 600 ～ 800g 牛肋條（看你多喜歡吃肉）｜切成約 4 ～ 5 公分的小段，川燙備用。
- 4 顆牛番茄｜切大塊。
- 1 顆洋蔥｜切塊。
- 1 根紅蘿蔔｜切塊。
- 1/2 根白蘿蔔｜切塊。
- 6 ～ 8 片老薑｜切片。
- 4 ～ 5 瓣大蒜｜拍碎。

B
- 2 大匙辣豆瓣醬
- 200ml 醬油

C
- 2500ml 水｜淹過料即可。

作法（不含前置作業時間約 3.5 小時）

1_ 以少許油熱鍋後，將老薑跟大蒜爆香。

2_ 加入洋蔥拌炒至微焦黃。

3_ 加入牛肋條炒至表層變熟。

4_ 加入辣豆瓣醬，跟食材拌勻。

5_ 加入 50ml 醬油爆香。

6_ 加入牛番茄，繼續跟所有食材炒勻。

7_ 加入 2500ml 的水及 150ml 的醬油，煮滾後，可撈起浮沫雜質，接著蓋上鍋蓋轉小火慢燉 2 小時。

8_ 2 小時後，加入紅蘿蔔跟白蘿蔔（這樣才不會太入味變太鹹），繼續蓋上鍋蓋慢燉 1 小時。

9_ 如前言，若氣候及時間允許的話，蓋上鍋蓋放置一晚，隔天再吃。

我是使用 LC 26cm的圓鍋，大小剛好。

Recipe 02

隨時來一碗

炸醬麵

林姓主婦大學畢業後曾到美國喝兩年洋墨水，喝了之後對我的學問有什麼具體長進有點難說，但可以確定的是，我的廚藝完全是在那段時間被逼出來的。

美國食物有多不得我的緣，這裡就不贅述了，大家應該很能想像，但可惡的是連中國餐廳 99% 都在欺騙我們離家遊子的感情，每次都抱著能一解鄉愁的期待進去，結果半小時後口袋不但少十幾塊美金，還覺得反而離家更遠了。在被騙錢幾次之後，我們終於明白，要吃家鄉味，還是靠自己最實在，於是紛紛捲起袖子進廚房，卯足了勁精進廚藝。

炸醬麵是我去麵店最愛點的口味，多虧了在美國自立自強的那段時間，我才知道原來炸

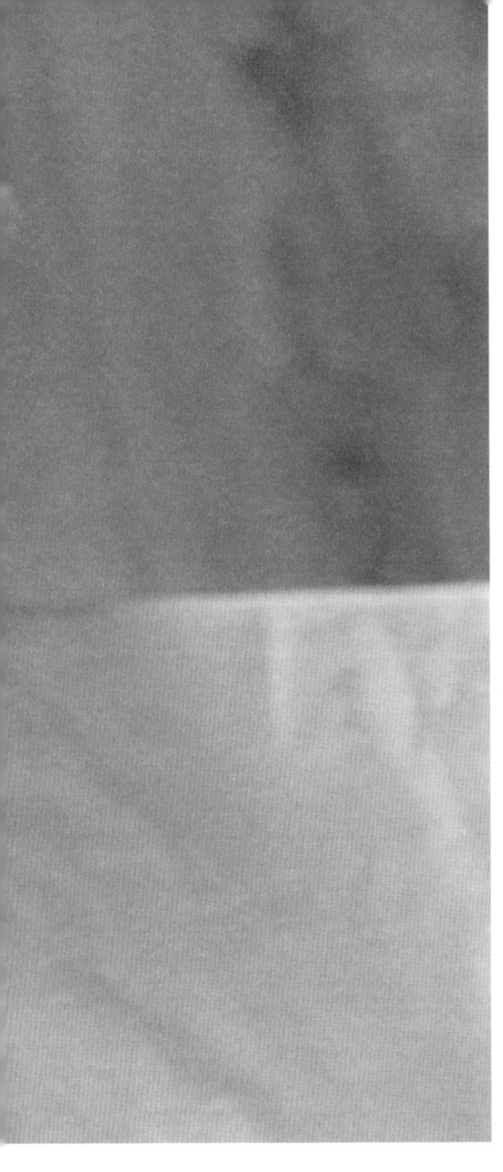

醬麵就是靠甜麵醬跟豆瓣醬做出來的，另外再用一點醬油調味，就可以做出媲美麵館的醬汁。

每隔一段時間，我總會做一鍋炸醬麵來吃吃，這種家常的味道永遠吃不膩，做起來也非常簡單快速。即便下班回家已經晚了，或是像我一樣帶孩子沒時間好好弄午餐，只要有一鍋炸醬在冰箱，就可以隨時來一碗，讓我覺得還好當年有出國被美國食物荼毒過，不然不知何時才會知道做炸醬麵那麼容易。

☐ 快速料理　☐ 親子共享　■ 事先作好也可以

食譜

材料（4～6人）

A
- 約 300g 豬絞肉
- 6～8 塊豆干｜切丁。
- 1 把毛豆（可省略）
- 1 根小黃瓜（可省略）｜刨成絲。
- 3 瓣大蒜｜切丁。

B
- 5 小匙甜麵醬
- 5 小匙豆瓣醬
- 60ml 醬油

C
- 300ml 水
- 適量太白粉｜兌水備用。

作法（不含前置作業時間約 30 分鐘）

1_ 以少許油熱鍋後，將大蒜爆香。

2_ 加入豬絞肉拌炒至熟。

3_ 加入豆干略微拌炒。

4_ 加入甜麵醬、豆瓣醬、醬油，將醬料與食材拌炒至均勻。

5_ 加水至鍋中，水滾後，即可確認一下醬汁鹹度，若不夠鹹可以再加少許醬油。

6_ 放入毛豆，蓋鍋以小火慢燉 20 分鐘。

7_ 以太白粉水勾芡後，即完成。吃的時候可以鋪上小黃瓜絲。

- 試吃醬料時，必須要比你覺得ok的鹹度再鹹一些，因為醬料要拿來拌麵，若你在試吃時只調到「這樣吃剛好」的鹹，拌入麵裡會覺得麵的味道太淡。
- 豆干盡量不要買那種已經用五香滷汁滷過的，這樣可能會跟炸醬的味道有些不搭。

Recipe 03

輕鬆複製熱炒味

沙茶牛肉炒麵

沙茶醬應該是很多台灣人的死穴吧，每次吃火鍋我沙茶醬都用超多，光用沾的還不夠，要用肉片包夾一大口沙茶醬蔥花才行，根本搞不清楚我是在吃醬還是在吃料，就算沙茶醬熱量超高我也沒在管（呈現一種中年婦女自我放棄的狀態）。

很多料理我覺得加點沙茶都會有畫龍點睛的效果，像是魷魚羹麵、台式鍋燒麵或是炒肉絲料理，但有時我對沙茶醬突然感到非常飢渴（搓揉身體）（這位太太有事嗎），這樣 1 小匙已經不能滿足我，如果當下沒能吃到火鍋的話，快手弄一份沙茶牛肉炒麵是療癒我心靈的最佳方式。

這道麵一般會使用油麵，搭配空心菜，但如果要用家常麵條加其他青菜馬洗摳以。料理上的小小訣竅是：醃肉也要加 1 小匙沙茶，這樣牛肉才會跟沙茶十指緊扣，不會只有麵滿滿的沙茶味，結果牛肉好像局外人一樣，身上都沒有沾滿沙茶多可憐。另外就是牛肉炒到快熟時就先撈起，等麵整鍋都快好的時候再加進去最後拌炒，千萬別放在鍋中繼續炒其他料，牛肉肯定會老死然後你吃到氣死。

這兩個小地方留意一下，在家就能輕鬆做出熱炒店的熱門料理呦～

■ 快速料理　□ 親子共享　□ 事先作好也可以

食譜

材料（1人）

A
- 適量牛肉片｜用1小匙沙茶醬、少許醬油醃5～10分鐘。
- 1/4顆洋蔥｜切絲。
- 適量空心菜｜切段。
- 2～3瓣大蒜｜切丁。
- 1條辣椒｜切段。
- 1把麵條｜若是油麵，可以先過水川燙一下備用；若是一般麵條，則可煮好熱水，在炒料的同時一邊煮麵。

B
- 3～4小匙沙茶醬（醃料分量外，依個人口味調整）
- 1～2小匙醬油（醃料分量外，依個人口味調整）
- 1大匙米酒

作法（不含前置作業時間約10分鐘）

1_ 在醃肉裡加入少許油把肉拌開，放進熱好的鍋裡炒至九分熟後，先撈起。

2_ 同一鍋內補一些油，加入洋蔥拌炒至香氣出來後，繼續加入大蒜及辣椒爆香。

3_ 加入麵條，緊接著加入沙茶醬、醬油、米酒，把醬料跟麵盡量拌勻。

4_ 加入空心菜炒至軟。

5_ 把牛肉片放回鍋中，把肉跟麵最後拌勻，即完成（若覺得麵太乾，可加少許水）。

Recipe 04

豪華版絲瓜料理

蛤蠣絲瓜雞湯麵

身為主婦應該深深明白一個道理，買到當季食材你上天堂，買到非當季的，雖然不至於讓你住套房，但會花點冤枉錢，而且品質欠佳吃到覺得心頭鬱悶，大概是免不了的。

現在農業發達，一年四季幾乎什麼蔬果都買得到，如果在傳統市場採買，還可從攤販們都賣些什麼看出一些端倪。但可惜我現在主要在超市買，季節感實在薄弱，大多蔬果都是固定上架，當季不當季根本傻傻分不清楚

像我以前不知道冬天不要買絲瓜，有次聽長輩說，冬天的絲瓜皮很硬很刮，她從不買，我還半信半疑，直到有天買來發現，欸，怎麼削完皮絲瓜變那麼腰瘦啊（是真的腰變很瘦，不是在罵髒話），我這才知道原來冬天的絲瓜不能信。

所以喜歡吃絲瓜的話，一定要趁夏天，又嫩又清甜，不但很適合炒來做配菜，也可以煮成絲瓜麵線、絲瓜稀飯等簡單打發一餐，時節一到我幾乎每週都買。

蛤蠣絲瓜雞湯麵，大概是我絲瓜料理中的豪華頂級版，湯底使用雞高湯，讓湯頭濃郁營養，還有蛤蠣的加持，不用任何調味就鮮甜無比。夏天的晚餐不想大魚大肉的時候，煮份蛤蠣絲瓜雞湯麵最適合不過了！

■ 快速料理　■ 親子共享　□ 事先作好也可以

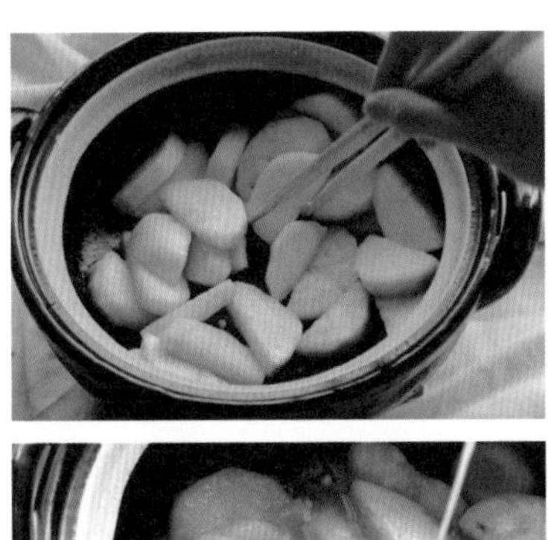

食譜

材料（2人）

- 1 條絲瓜｜削皮切塊。
- 約 20 顆蛤蠣｜吐沙備用。
- 1 塊老薑｜切片。
- 500ml 原味雞高湯｜可先用電鍋蒸熱，加快料理速度。
- 1 把枸杞（可省略）
- 適量麵條｜先滾好熱水，在炒料的同時一邊煮麵。

作法（不含前置作業時間約 10 分鐘）

1_ 以少許油熱鍋後，將老薑爆香。

2_ 加入絲瓜拌炒至出水。

3_ 加入蛤蠣、雞高湯、枸杞，蓋上鍋蓋悶煮。

4_ 待湯滾，蛤蠣煮熟張開後，放入煮好的麵條，即完成。

可以的話，當然自己熬雞高湯是最好，但我貪圖方便，都是去有機超市買現成的冷凍雞高湯，煮之前先用電鍋蒸熱就好。無論買什麼牌子，記得買無調味，因為靠蛤蠣的鹹味就夠了。

主婦小撇步 04

寫給料理新手：食材下鍋的順序

你有沒有覺得，同樣是看著食譜要學做一道新的料理，有經驗的老手（像是你媽）瞄一眼後就若無其事走到廚房，開始劈哩啪啦備料做菜，一會兒後端出來的菜也頗像一回事。

此時鏡頭拉到另外一邊（你，就是在拍你），你很謹慎地想要記下每一個步驟，但備料時忘了一些細節，需要再去翻一下食譜；這樣倒也還好，恐怖的是已經開火下鍋煮了，你卻熊熊搞不清楚步驟，眼看著部分食材已經在鍋裡快焦掉，你卻還要手刀衝去翻食譜。

這樣來來往往之下，成品早已走了味，因為食材可能已經超出最佳烹飪時間，大蒜炒到焦苦、肉老了、菜也黃了，你很沮喪地看著它，一口都不想吃，覺得自己剛才那麼辛苦到底是為了什麼。

其實一道食譜，講的不出三件事：

1. 運用哪些食材
2. 需要哪些調味料
3. 下鍋的順序

對老手來說，如果要做一道新料理，看第一點跟第二點就差不多了。更或許，他對這道菜已經有 80% 的基本認知，所以可以很快找出拼圖中最後一、兩片關鍵，只要記住那幾點細節就大致準備好。而下鍋的順序，其實是大同小異的邏輯，無需死背，用自己的經驗跟直覺就可應付。

所以。若對於「下鍋的順序」有建立一個大方向的概念，慢慢地你會發現，自己在下廚時有越來越多自信，需要死記的東西越來越少，食材也都能在時間內被妥善處理，呈現出最好的味道。

下鍋的順序基本上是根據「食材容易熟的程度」、「耐煮程度」、「容易入味程度」來決定，越難熟、越耐煮、越難入味的越早下。這聽起來理所當然，但其實對於缺乏料理經驗的人來說，一時之間有點難分辨。

我很努力歸納自己的經驗，把常見食材依照上述標準排了一下順序，分享給料理新手參考看看。廚房老手就直接略過別看了吧，不然會覺得我怎麼廢話如此之多。

重點結論先說，越前面代表需要越早下鍋：

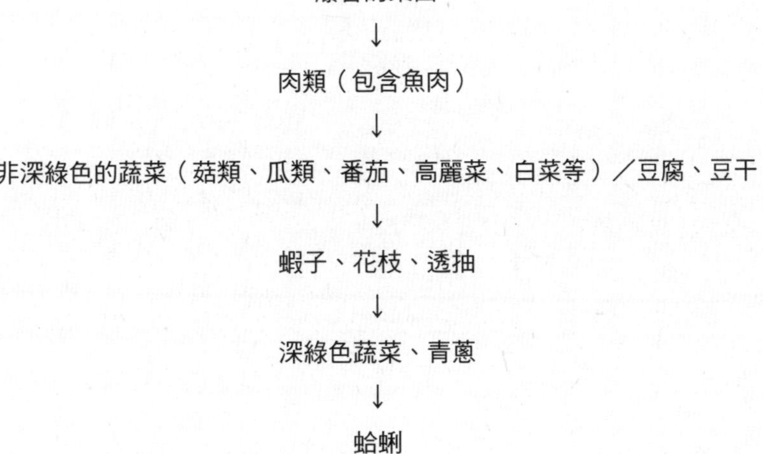

以下是我自己的小心得，解釋一下這樣排順序的原因，理解後就無需硬背。

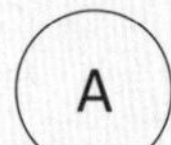

爆香的東西先下鍋

像是大蒜、蔥、薑、香菇、洋蔥、培根，往往是第一批下鍋的食材，也就是我們常說的「爆香」。這些食材若沒有先下，等鍋中已有別的食物才下，通常會因為環境變得擁擠、湯湯水水而無法讓他們發揮出應有的香氣，所以把握黃金時間下鍋很重要。

需要特別提醒的是，大蒜很容易焦，一焦，苦味就出來，所以若你覺得這道菜的其他食材需要更長的時間烹調，大蒜就等它們已經快熟的時候再下，雖然香氣會少一些些，但絕對比一開始就放，但最後炒到焦好。

舉個例好了，假使你要煮的是「蒜香培根義大利麵」，其中洋蔥需要比較長的時間炒到焦香，培根也需要一點時間把油脂逼出來才香，那如果大蒜依常理在一開始就下的話，是否可以預期它一定會被炒到焦？大蒜下鍋後的青春有限，記得要好好把握。

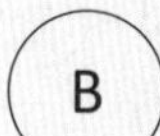

肉類先下，除了因為較難熟，也是為了入味或是焦香的口感

肉因為難熟需要先下這點我就不多說，我想說明的是後兩個原因。一是肉類需要時間煨煮入味，想想三杯雞，大家就應該很能理解。二是肉類最好能直接接觸到熱油，讓表面受熱帶有微微焦香最好吃。如果別的食材先下鍋，多少都會出水，這時後才下肉，就會變得有點像燉煮，香氣大不同。

但提醒一下，如果是肉片或是肉絲就很容易熟，若搭配的食材還需要時間炒（像是回鍋肉要配高麗菜，但高麗菜需要炒久一點），肉片／肉絲炒熟後就先取出，等其他食材都熟了再丟進去混在一起，不然一路炒到底的話，肉會老掉。

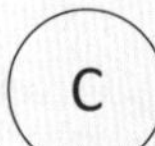

非深綠色的蔬菜，多半帶有蠻多水分或較厚實，也需要時間煮

像是菇類，如新鮮香菇、蘑菇、杏鮑菇、秀珍菇等，或是瓜類，如絲瓜、蒲瓜、大黃瓜，需要炒到出水才算熟；另外像是番茄、四季豆、白菜、娃娃菜、高麗菜等等，都要炒久一些。

豆腐、豆干耐煮但不易入味

豆腐、豆干通常耐煮，但較不易入味，所以看你料理的重點，若需要它們入味，像麻婆豆腐，就不能太晚下，並且要給它們足夠的時間在鍋中翻滾。如果只是快炒，基於他們很耐煮先丟入鍋無妨，只要不要焦掉就好。

蝦子、花枝、透抽都非常快熟

無論是帶殼的蝦子或是蝦仁，都很快熟，過度烹調肉會縮而且變老。花枝、透抽更是，而且會變得很硬很難咬，比老掉的蝦還令人髮指，所以一定要注意下鍋順序，並且留意火候跟時間。

深綠色蔬菜都很快熟，煮久會黃掉，青蔥也是

很多中式料理都會加點蔥段，煮飯時要留意一下，青蔥在這道菜裡所扮演的角色，若需要保有完整口感（如蔥爆肉絲），那記得蔥白的部分可以先下去炒；但蔥綠在起鍋前下去拌幾下就好，太早放會讓蔥綠變得軟爛，口感不佳。但若青蔥的角色只是提味，那就比較無所謂了。

蛤蜊等海鮮類最後再下鍋

蛤蜊只要蓋鍋悶 1 ～ 2 分鐘就會開，煮超過時間，肉會縮掉變得乾乾的不好吃，所以若有需要加蛤蜊，記得最後放。

“雖然費蠻多心思寫，但這篇所提及的終究無法面面俱到，僅能提供一個大方向讓料理新手有些概念，很多時候還是需要你在廚房當下判斷跟經驗，知道嗎（搖你肩膀），好啦希望大家不要覺得我很囉嗦（默默飄走）。”

Recipe 05

跌跌撞撞的領悟

什錦炒米粉

話說本人的炒米粉之路相當坎坷。

人生第一次炒的時候，我不知道米粉要先燙軟，料炒熟之後就直接把整塊米粉放進鍋裡，結果悶超久都不軟。第二次，我知道要先燙軟，但不知道要先剪小段，沒想到米粉本人超級超級長毫嘛，整個夾起來快要碰到抽油煙機，老娘拿筷子拌到二頭肌都快練出來，醬汁還是不勻。第三次，我知道要先剪斷，但不知道哪根筋不對，竟然拿剪刀直接剪生米粉，結果超硬超難剪的啊，我剪到腋下都濕了才好不容易剪斷幾刀，剪刀都快壞了。一直到第四次我才融會貫通，悟出真正的作法，原來米粉要先燙過再剪，如此簡單的一個真理，我卻跌跌撞撞三次才明白啊。

炒米粉的料有很多種變化，對我而言，只要有香菇、高麗菜、紅蘿蔔絲、豬肉絲就可以煮一份炒米粉，這是我喜歡的基本味道。若家中剛好有的話，也可隨意加入洋蔥、黑木耳、蛋絲、芹菜、蒜苗等。

學會之後，我覺得炒米粉這道料理真的非常好用，特別是聚餐或是過節時，因為可以事先煮好，放在電鍋裡保溫或是蒸一下就好，放上餐桌大家吃到涼掉也不影響口感，吃剩又很適合當便當菜，難怪媽媽們每隔一段時間就會煮一鍋。

炒米粉需要用大一點的炒鍋，因為高麗菜一開始很占空間，在拌炒米粉時也需要一直翻，如果鍋子太小，拌炒完大概半鍋都灑出來了，所以記得林姓主婦的叮嚀嘿。

☐ 快速料理　☐ 親子共享　■ 事先作好也可以

食譜

材料（4～6人）

A
- 150g 豬肉絲｜用少許醬油跟太白粉醃 10 分鐘。
- 乾香菇 3～4 朵｜泡軟後將水擠出，切片，香菇水留著。
- 適量高麗菜｜撥小片洗淨。
- 1 根紅蘿蔔｜刨絲。
- 1/2 顆洋蔥｜切條狀備用。
- 1 包虎牌米粉（大包裝）
- 少許蝦米｜用溫水泡幾分鐘後，撈起備用（不喜歡蝦米的話可以省略）。

B
- 1 罐雞湯罐頭（我是用牛頭牌）
- 40ml 醬油
- 少許白胡椒粉

作法（不含前置作業時間約 20 分）

1_ 煮一鍋熱水，將米粉放入泡軟後，撈起放入另一個鍋中，用剪刀剪個 5～6 刀，讓米粉變小段，會比較好炒。剪好後將鍋蓋蓋上，讓米粉繼續在裡面悶軟，同時避免乾掉。

2_ 以少許油熱鍋後，將香菇爆香（若有蝦米也可一同入鍋）。

3_ 加入洋蔥，炒至香氣出來，洋蔥帶點透明感。

4_ 加入豬肉絲拌炒至熟。

5_ 加入紅蘿蔔絲、高麗菜拌炒，待料拌均勻後，加入香菇水（約半碗），蓋鍋轉小火讓高麗菜悶軟，約 10 分鐘。

6_ 打開鍋蓋確認高麗菜已經夠軟後，加入 10ml 醬油拌炒，讓料入味。

7_ 加入米粉，緊接著加入一罐高湯跟 30ml 醬油。一手拿長筷子，一手拿鍋鏟將所有的料與醬汁拌炒均勻，最後加點白胡椒粉即完成。

Recipe 06

想吃辣的解饞味

魚香肉醬乾拌麵

對於嗜辣如命的我而言，想要吃辣解解饞時，快手煮一份魚香肉醬乾拌麵，趁兒子午睡時吃，是非常療癒的一件事。

這道料理唯一需要動刀的就是切蔥、薑、蒜，弄到好不用 15 分鐘。我每次想要吃這個麵的時候，兒子上床午睡的時間一秒也不能耽誤，可能他上一秒還很開心在玩車車，下一秒我一看時間到了，就二話不說把他丟上床，可憐的兒子毫無心理準備時間，但媽媽想吃辣管不了那麼多了。

魚香肉醬所使用的辛香料跟調味料，與麻婆豆腐基本上一樣，唯一的差別是魚香肉醬需要加一點烏醋，這烏醋的量不會讓你很明顯吃到酸氣，只是提點味，但卻很奇妙地創造出跟麻婆豆腐不同的香味，讓我每次吃了都大呼過癮，愛吃辣的人一定要做來嚐嚐。

■ 快速料理　□ 親子共享　■ 事先作好也可以

食譜

材料（3～4人）

A
- 300g 豬絞肉
- 3 根蔥｜切細段，蔥白蔥綠分開放。
- 1 小截薑｜切丁。
- 4～5 瓣蒜｜切丁。
- 1 條辣椒｜切細（若不想吃太辣可省略）。

B
- 4 小匙辣豆瓣醬
- 3 小匙烏醋
- 2 小匙醬油
- 2 小匙米酒
- 1/2 小匙冰糖

C
- 150ml 水

作法（不含前置作業時間約 10 分鐘）

1_ 以少許油熱鍋後，加入蔥白、薑、蒜爆香。

2_ 加入豬絞肉炒至表層變白。

3_ 加入所有調味料，跟料拌炒均勻後，加入蔥綠及水。待水滾後，轉小火燉煮 5 分鐘，讓絞肉入味，即完成。

Recipe 07

悶熱夏天的好朋友

桔香蘿蔔泥冷烏龍麵佐水波蛋

有年夏天我很想去京都玩，訂了八月的機票，沒想到去過的朋友紛紛勸退，跟我說京都的夏天非常嚇人。當時我半信半疑，總覺得台灣的夏天已經夠恐怖了，我們什麼場面沒見過，日本的夏天再熱也就那樣吧。

做人果然不能太鐵齒，我跟老公一到京都，那沉重的悶熱感立即撲向我們，跟台灣比起來有過之而無不及，我熱到人中都積水，什麼景點都不想去，只想在百貨裡面吹冷氣消磨時間。

但再怎麼躲，也總有必須在路上行走曝曬的時候。有天我們半死不活地走著，偶然經過了一家餐廳，外面貼了張冷烏龍麵的海報。那麵很簡單，上面就是蘿蔔泥、蔥花、溫泉

蛋跟檸檬片，在 38 度的高溫下看來特別清爽宜人，讓我瞬間聞到海的味道好療癒。可惜當下不是吃飯時間，沒能進去品嚐，但我記下了這個組合，想著回台灣要自己做來吃。

我的版本有一些小變化，把檸檬換成金桔，增添額外的香氣。另外，因為我家沒有溫度計，無法精準測出做溫泉蛋所需要的水溫，就改成做水波蛋，不到 3 ～ 4 分鐘的時間，就會有完美的半熟蛋可以和著麵條吃，我覺得超級方便。

這道冷烏龍，不用多說，最適合夏天吃，熱到沒食慾的時候，靠它就對了。

■ 快速料理　□ 親子共享　□ 事先作好也可以

食譜

材料（1人）

A
- 1 大塊白蘿蔔｜削皮、磨成泥。
- 1 根蔥｜切成細蔥花。
- 1 顆金桔（也可用檸檬或是葡萄柚取代）
- 1 顆蛋
- 1 份烏龍麵｜煮熟冰鎮瀝乾備用。

B
- 20ml 醬油
- 1/2 茶匙烹大師

C
- 40ml 水（最好使用可飲用的溫水，烹大師比較好融化）
- 少許白醋跟鹽巴（煮水波蛋時使用）

作法（不含前置作業時間約 10 分鐘）

I. 水波蛋作法：

1_ 水燒滾後（稍微開始冒泡就可以，不用大滾），加入少許白醋跟鹽巴，轉中小火。

2_ 蛋打進大湯杓裡準備好，另用一根湯匙在水中繞大圈，形成漩渦後，把蛋盡可能靠近水面中心輕輕放入，蛋就會在水中轉到成型。

3_ 約 3 ～ 4 分鐘就可以撈起，若想要蛋黃生一點，蛋白熟得差不多就可撈起來囉。

II. 桔香蘿蔔泥冷烏龍麵作法：

1_ 將醬油、烹大師及水調成醬汁備用。

2_ 將冷烏龍麵置於碗中，淋上醬汁，放上蘿蔔泥、蔥花及水波蛋，即完成。吃之前再依個人口味加入金桔汁。

要買急凍處理的熟麵，只要花1～2分鐘煮到散開即可，口感非常Q，好吃又方便。

Recipe 08

月光族的救星

培根香蒜義大利麵

想當年我還是林姓少女時，是個理財不當的常態性月光族，每次接近月底去領錢，如果提款機顯示只能領千元鈔，真的會很想把監視錄影器的眼睛遮起來，狠狠踹提款機幾下洩憤啊！

這種窮困潦倒的時候，連買碗牛肉泡麵都嫌奢侈，如果可以翻翻冰箱，用常備的食材變出一道料理，那絕對比吃泡麵還要健康跟勵志啊！香蒜義大利麵就非常適合在月底的時候煮來享用，只要洋蔥、大蒜跟一把義大利麵就搞定，如果相當幸運在口袋挖出幾個銅板，還可以買培根來加料，吃起來更香，簡直是月光族的希望！

它是一個很經典的義大利麵口味，雖說簡單，還是有幾個小技巧要掌握，不然成品可能會不夠香或是太乾。根據林姓主婦自己多年來在月底含淚烹煮的經驗，我覺得有三個重點要注意：

1. 洋蔥要用小火慢慢炒到焦糖色，這種狀態的洋蔥香氣最足、甜味也完全釋放出來，是讓整盤義大利麵好吃的關鍵。
2. 麵條煮好，放進料裡拌炒的時候，順便淋 1 ～ 2 大匙煮麵水，這是 Jamie Oliver 每次煮義大利麵必提醒的訣竅，小小一個動作會讓麵變得更好吃，屢試不爽他沒騙人。
3. 最後，記得淋上 1 大匙的橄欖油，炒兩下再起鍋。充足的橄欖油會讓麵條變得油潤而不油膩，這盤麵即使沒有醬汁，也不會過於乾澀。

■ 快速料理　□ 親子共享　□ 事先作好也可以

食譜

材料（1 人）

A
- 適量培根｜切小段（不加也可以）。
- 1/4 顆洋蔥｜切丁。
- 4～5 瓣大蒜｜切丁。
- 適量義大利麵｜義大利麵需要煮至少 8～10 分鐘，可以在備料之前就先滾熱水，直接煮麵，加快料理速度。

B
- 適量的鹽及黑胡椒
- 1 大匙初榨橄欖油

作法（不含前置作業時間約 15 分）

1_ 於平底鍋將培根以中火乾煸，把油脂逼出，香氣炒出來即可起鍋。

2_ 同一鍋，加 2 大匙橄欖油，轉小火，加入洋蔥丁慢慢炒至焦糖色。

3_ 洋蔥快炒好時，加入蒜丁炒至香氣出來。注意火侯，不要把大蒜炒焦，會變苦。

4_ 將煮好的義大利麵拌進平底鍋，把炒好的培根放入，淋上 1～2 大匙煮麵水，以適量鹽及黑胡椒調味，最後淋上 1 大匙橄欖油，把所有的料翻炒均勻，即完成。

我也很常炒辣，起鍋前加1條小辣椒丁，就會辣味十足，吃的時候可以在汗水及淚水中思考這個月為何花那麼多錢，是一個相當不錯的檢討機會。

Chapter 3

週 末 來 點 不 一 樣

在家也能吃定食

Recipe 01

香甜下飯的心頭好

馬鈴薯燉肉

記得有一次我想要煮咖哩飯，特別揹著兒子走去超市採買，但出門前忘了確認家裡還有沒有咖哩塊，在超市猶豫了一下，最後憑一個隱約的印象，覺得家裡好像還有，終究沒買就直接回家。

回家馬上把兒子丟地上就衝去翻櫥櫃，尋找咖哩塊的身影，想當然爾媽媽的記憶力是不可信的，我們家並沒有咖哩塊（臉歪）。

新手媽媽要帶小孩出門採買很大費周章毫嗎！都特別跑一趟了，卻沒有買到最關鍵的東西，我抱著兒子癱坐在地板上感到非常賭懶，煩惱著晚餐不把買來的雞腿肉、馬鈴薯、紅蘿蔔用掉，也不知道要吃些什麼。

還好巧婦我腦筋動得快，想到馬鈴薯燉肉也是用一模一樣的料，差別只是調味方式而已，而且一樣下飯好吃，當晚的晚餐終於有解惹我好聰明啊！

馬鈴薯燉肉是我非常愛的一道家常料理，簡單備料、細火慢燉 20 ～ 30 分鐘就搞定，先煮好一鍋，忙的時候熱一下，配碗白飯就是美好的一餐，湯汁拿來拌烏龍麵也很好吃，實在是我的心頭好。

☐ 快速料理　■ 親子共享　■ 事先作好也可以

食譜

材料（4～6人）

A
- 2～3片去骨雞腿排｜切大塊（切太小的話，雞肉很容易燉到散開）。
- 2顆馬鈴薯｜切大塊（馬鈴薯雖然需要一點時間煮透，但一旦熟了，會非常容易化開，所以不要切太小塊，不然熬一熬會都不見）。
- 1條紅蘿蔔｜切塊。
- 1顆洋蔥｜切大塊。

B
- 100ml 醬油
- 20ml 味醂（可省）
- 100ml 清酒（若沒有，可直接用水取代）

C
- 約 700 ml 水｜淹過料即可。

作法（不含前置作業時間約 30 分鐘）

1_ 以少許油熱鍋後，加入洋蔥拌炒至微焦黃。

2_ 加入雞腿肉拌炒至表面變白。

3_ 加入 20ml 醬油讓雞肉上色。

4_ 加入馬鈴薯、紅蘿蔔，將所有料拌炒均勻。

5_ 加入 80ml 醬油、味醂、清酒、水，水滾後撈起浮沫，蓋上鍋蓋以小火慢燉 20～30 分，打開鍋蓋確認雞肉已變成茶色，即完成。

- 一般馬鈴薯燉肉會使用牛肉片，但我個人比較喜歡用雞腿肉，因為耐煮，放隔夜吃也不怕肉老掉。
- 加蒟蒻也很好吃喔。
- 記得多準備一些白飯，這湯汁好吃死了，每次吃完我都很想舔盤子。

回想起以前學生時期在外補習的日子，剛領零用錢手頭比較闊綽的時候，去吉野家吃牛丼是頗為奢侈的小確幸，畢竟一份就要一百多，分量也不是特別多，上面的牛肉只有少少幾片，還薄到可透光，青春期胃比海還深的我總覺得根本不夠配一整碗飯，都要特別拜託店員幫我多淋一些醬。

一直到婚後進入主婦的行列，我有天心血來潮想說煮煮看牛丼，發現在超市只要花差不多兩百塊，就可以買到非常好吃的牛肉片，再加一顆洋蔥，就能煮出牛肉滿出來的牛丼，濃郁香甜的醬汁害我們每次都吃掉一大碗飯，讓我不禁覺得，過去那些年我在吉野家到底吃到了些什麼！同樣的錢我自己在家做，要吃多少肉就有多少肉，要多淋一些醬也不

用低聲下氣求店員（是也沒有那麼誇張，其實店員人都馬很好，只是醬給得很少肉給得更少）。

我覺得家庭版跟餐廳版的牛丼差異根本為零，前後不用 20 分鐘就搞定，自己做過一次就會覺得為什麼要花錢在外面吃牛丼呢？而且怕下班回家比較趕的話，還可以前一晚先把醬汁煮好，隔天晚上回家只要把醬汁熱了，花三分鐘把牛肉涮一下就上桌，這麼理想的日本家常料理，你怎麼可以不試試看啦（跺腳）！

■ 快速料理　□ 親子共享　□ 事先作好也可以

食譜

材料（3～4人）

A
- 牛肉片｜我一般會買雪花、五花或是沙朗牛肉片，形狀像培根那樣一長條，這種最適合。1 人可抓 5～8 片，看多愛吃肉。
- 1 顆洋蔥｜切成粗條狀。

B
- 50ml 醬油
- 30ml 清酒（米酒也可以，但清酒較香）
- 20ml 味醂

C
- 約 300ml 水

作法（不含前置作業時間約 20 分鐘）

1_ 以少許油熱鍋後，將洋蔥爆香炒至透明。

2_ 加入醬油、酒、味醂和水作為醬汁，以小火煮 10 分鐘。

3_ 將牛肉片放入醬汁中涮 3～5 分鐘後，鋪在白飯上即完成。

可在上面灑一些海苔或是生雞蛋，我是不敢吃生雞蛋啦，但日本人會這樣吃。

Recipe 03

解決剩料也能很豐盛

肉豆腐

我覺得很多主婦應該都跟我一樣，有「食材恐慌症」，就是看到冰箱沒菜會覺得很恐慌想要填滿；辛辛苦苦採買之後，看到冰箱滿滿的菜只滿足大概三秒，緊接而來竟然又是一陣恐慌，怕食材不趕快用掉會壞，總是在這無限輪迴裡面打轉，所以對主婦而言，最大的挑戰就是如何排列組合把食材運用發揮到淋漓盡致，無論冰箱很空或很滿，都能變出料理，不浪費任何食材。

肉豆腐緊接著在牛丼之後出場的原因很簡單，當初會想要做，就是我為了做牛丼買了一盒牛肉片，沒想到牛丼已經用了很澎湃的肉了，還是用不完，剩下很尷尬的量，讓我多煮一份牛丼也不是，把肉冰回去也不是。

這時候，做一鍋肉豆腐最適合了。肉豆腐的肉不需要太多，5 ～ 6 片就足夠，剛好可以把剩下的肉銷掉。而且作法雖然跟牛丼很類似，但因為加了烹大師，味道跟牛丼不一樣，連著兩天吃也不覺得膩。

肉豆腐顧名思義，有肉又有豆腐，我還放了蒟蒻，營養很豐富，需要的話也可以加青菜（比較適合大白菜、娃娃菜），如此一來，晚餐一鍋搞定，配碗飯就無比幸福！

■ 快速料理　□ 親子共享　□ 事先作好也可以

食譜

材料（2人）

A
- 5～6片牛肉
- 1/2顆洋蔥｜切成粗條狀。
- 1塊木棉豆腐或板豆腐｜切片。
- 適量蒟蒻｜川燙。

B
- 30ml 醬油
- 30ml 清酒（米酒也可以，但清酒較香）
- 20ml 味醂
- 適量烹大師

C
- 300ml 水

作法（不含前置作業時間約20分鐘）

1_ 以少許油熱鍋後，加入洋蔥炒至香氣出來並且帶點透明感。

2_ 加入醬油、酒、味醂、水和烹大師等調味料，作為醬汁。

3_ 醬汁煮滾後，放入豆腐及蒟蒻，燉煮10分鐘入味（若想煮大白菜或是娃娃菜，可於此時放入）。

4_ 最後將牛肉片放入醬汁中涮3～5分鐘，即完成。

Recipe 04

吃過就再也回不去

烤肉醬親子丼

有次跟朋友一起去東京，他們很推薦一家親子丼，說一定要帶我們去吃吃。我本來偷偷想說這不就是日本家庭料理嘛？很不要臉地覺得自己在家做應該也差不多好吃吧，但我依舊識相地乖乖跟好路，藏起心中的疑惑準備一探究竟。

到了之後發現那其實算是一家居酒屋，中午時刻只是加減賣個親子丼，店員一副就是酒保的模樣，幫我們點餐後穿過一整排酒，默默去廚房做飯，違合感頗為強烈，讓我心中的疑惑更深了，居酒屋做的親子丼怎麼會讓我朋友特意想要前來呢？

一上菜之後我就明白了，這不是一般的親子丼。酒保先把雞肉用烤肉醬醃過，再用炭火烤出格紋，鋪在洋蔥及蛋花上方， 醬汁一樣香甜下飯，但雞肉多了燒烤過後的焦香，絕對是我吃過最好吃的親子丼，吃完差點想再點一份。這酒保不但會調酒，還會顧炭火烤雞肉做親子丼，實在是太有才華了我以他為榮（我哪位）！

身為一個很愛偷學別人做菜的主婦，回到家後我當然要試著自己複製看看。我的作法有些偷懶，是用韓式烤肉醬直接醃雞肉，省去調醬汁的時間。另外，自己在家當然不好燒炭，怕燒一燒我就往生了，所以我是用牛排煎鍋來煎，雖然少了炭香味，但也夠香夠好吃。烤肉醬親子丼會多一個煎雞排的步驟，但也稱不上麻煩，吃過之後我就再也回不去普通版的親子丼了，總覺得味道太溫和，少了一點個性！找時間做做，不會後悔的！

■ 快速料理　□ 親子共享　□ 事先作好也可以

食譜

材料（2人）

A
- 2片去骨雞腿排｜以韓式烤肉醬醃 10 分鐘。
- 1 顆洋蔥｜切絲。
- 2 顆蛋｜打成蛋液。

B
- 30ml 醬油
- 20ml 清酒（米酒也可以，但清酒較香）
- 10ml 味醂

C
- 200ml 水

作法（不含前置作業時間約 15 分鐘）

1_ 以少許油熱鍋後，將洋蔥爆香，放入醬油、清酒、味醂和水入鍋作為醬汁，轉小火備用。

2_ 將醃好的雞腿排，放入牛排煎鍋或平底鍋中，煎至兩面焦黃（僅外層熟，裡面的肉還是生），取出切大塊。

3_ 將雞腿肉放進醬汁鍋，鋪在洋蔥上方，蓋上鍋蓋，以小火煮約 10 分鐘至肉全熟。

4_ 取出雞腿肉，將蛋液打進鍋中，無需過度攪拌，不然會變成蛋花。

5_ 等蛋略熟後，連同洋蔥鋪在飯上，再把雞腿放在最上面，即完成。

- 進口超市都會賣韓國烤肉醬，用來醃肉非常方便，Costco 也有賣。
- 若想要做普通版親子丼的話，直接把生洋蔥、生雞肉放入醬汁中燉煮約10分鐘，起鍋前加上蛋液煮到略熟，即完成。

Recipe 05

軟嫩好味的省時料理

鹽麴松坂豬

近年鹽麴在台灣突然變得好紅，我默默看了很久，直到有一天我覺得大家都一副跟鹽麴很熟的樣子，吃飯常常揪它來，我再不跟人家交朋友好像很落伍，才去進口超市買一瓶回家。

一開始我就是直接拿鹽麴去醃松坂豬或是雞腿排，不會加其他東西，醃好下鍋煎，起鍋時擠一些檸檬汁跟胡椒鹽，雖然作法非常直白陽春，但還真的很好吃。怎麼說呢，鹽麴的鹹有一種特殊的味道，比起用醬油或是鹽巴調味還有層次（這樣講聽起來很玄有沒有，因為我也不知道怎麼形容啊就推給層次吧哇哈哈），有時懶得花時間調味醃肉時，出動鹽麴對我而言省時方便又美味。

後來跟鹽麴變比較熟之後，我漸漸對它的使用方式有多一些理解，簡單說它就是一個不死鹹、讓肉質變柔軟的調味／醃肉基底，可以單用，也可以在醃肉時加 1、2 匙進醃料，如此一來，不但肉的口感會更好，口味也更豐富。

在此示範超級簡單的鹽麴醃肉配方，準備起來不用 3 分鐘，用這個方式醃松坂豬不過短短 1 小時，吃起來就非常軟嫩，不像一般松坂豬都帶點脆脆的嚼勁。我切薄片給我那才八顆牙的兒子吃，他一口接一口咀嚼起來毫不費力，果真是醃肉神物啊！

■ 快速料理　■ 親子共享　□ 事先作好也可以

食譜

材料（3～4 人）

A ・2 片松坂豬｜用 B 項材料醃 30～60 分鐘。

B ・1 小匙薑泥
・1 小匙蒜泥
・1 小匙醬油
・2 小匙鹽麴
・適量黃檸檬汁（使用綠萊姆也可以）

作法（不含前置作業時間約 10 分鐘）

1_ 以少許油熱鍋後，把肉片上醬料大致撥掉（才不會煎到臭摃搭），下鍋煎至兩面恰恰。

2_ 起鍋、切片即完成，吃的時候可以擠一些黃檸檬汁，吃起來更清爽。

- 生的松坂豬很難切，整片下去煎，熟了再切會快很多。
- 鹽麴的鹹很溫和，且醬油的用量不多，可以前一晚先醃，隔天下班就能直接煎來吃。

Recipe 06

自己作就不怕踩地雷的日本家常味

日式薑燒豬肉

我是那種對喜歡吃的食物很有忠誠度的人，有一些料理我只要看到菜單上有，幾乎都會點來吃，不太會吃到膩就嫌棄人家，薑燒豬肉就是其中一項。

雖然我對它忠心耿耿，有時我還是會踩到地雷被廚師陰，吃到不及格的薑燒豬肉。我覺得最常見的問題就是肉太乾，要避免肉太乾，最直接的辦法就是選對部位。我自己做的時候會用梅花豬，而且要切成帶點厚度的薄片（約 0.3 公分），煎的時候才能保有肉汁，不會一下就乾掉，做出來比很多餐廳的都還好吃（自己說）。

薑燒豬肉唯一比較麻煩的步驟是需要磨薑泥、蒜泥跟蘋果泥，但若你做過一遍，就知道沒有想像中困難。週末假期比較有空時，煎個薑燒豬肉，配些高麗菜絲，弄個涼拌豆腐，日式定食就這樣搞定了好簡單有沒有。

食譜

材料（2人）

A
- 10～12片梅花豬肉｜用薑、蒜、蘋果及B項材料醃20～30分鐘。
- 1塊薑（約大拇指大小）｜磨成泥。
- 5瓣蒜｜磨成泥。
- 1/4顆蘋果｜去皮磨成泥。
- 適量高麗菜｜洗淨擦乾後切絲。

B
- 30ml醬油
- 20ml清酒（米酒也可以，但清酒較香）
- 10ml味醂

作法（不含前置作業時間約10分鐘）

1_ 以少許油熱鍋後，將梅花肉入鍋煎到兩面微焦（第一次做，起鍋前可試一下味道，若覺得不夠鹹，可以把醃料的醬汁倒入鍋，這樣就一定夠味）。

2_ 將高麗菜絲鋪在盤中，將肉片放上，即完成。

- 也可以用雞腿肉做，但要注意雞腿肉比較厚，帶著醃料去煎的話，更容易表面焦了但中心還沒熟，特別是帶皮的部分。所以改用雞腿肉的話，記得先用微小火慢煎，等確定中心已熟（可用剪刀或是刀子劃開最厚的部分確認），再把火轉大，讓表皮上色。
- 另外，雞腿肉比較難醃入味，可以延長醃製的時間，或是在起鍋前把醃料醬汁都入鍋。
- 若買不到帶有點厚度的梅花豬肉片，也可以買梅花肉火鍋片，但火鍋片很薄，煎的時候要注意火侯，不要煎焦或煎老了。

Recipe 07

咻咻咻就能端上桌

日式蔥燒豬肉蓋飯

有天老公跟我說晚上可能要加班，害我高興了一下，一早便盤算著晚上要來追劇，白天非常認真帶兒子玩樂，意圖消磨掉他所有的精力，晚上才能給我準時昏倒。正當我搞定兒子，欣喜若狂準備迎接屬於我自己一個人的 free night 時，老公卻突然傳訊息說晚上不用加班了，可以回家吃飯。我拍桌想說這樣對嗎？男子漢大丈夫怎可如此言而無信，能夠說回來就回來嗎？（不然咧）

其實很想叫他買買外食回家就好，讓廚房休息一天，但想想我們家附近外食那麼難吃，選擇又少，他辛苦上班一天，煮頓好吃的晚餐算是我唯一可以慰勞他的方式我真是好老婆。一多想，果然我的婦人之仁就跑出來了，還是摸摸鼻子去翻冰箱，看能緊急變出什麼菜。

那晚，冰箱很空，但還好，我有一大把蔥。正所謂留著青蔥在，不怕沒菜燒（不是這樣講的吧），我靈機一動，咻咻咻就變出這道蔥燒豬肉飯，賣相之動人，口味之迷人，讓我老公以為這一切都是為他精心設計的，完全看不出來我臨時抱佛腳的痕跡。

這道料理之所以稱為日式，是因為我覺得日本人下蔥花毫不手軟，隨便一加都如 C 罩杯般豐滿，這樣鋪滿滿蔥花的作法我自認為很有日式風格（撥髮）。而且我醃肉時有加麻油，這也是日本家庭料理很常見的手法，所以我不管日本人同不同意，我都要說它是日式怎樣怎樣！

■ 快速料理　□ 親子共享　□ 事先作好也可以

食譜

材料（1人）

A
- 8～10片梅花豬肉片或松坂豬肉片｜用以下的大蒜、醬油、麻油及清酒醃10～20分鐘。
- 2顆大蒜｜用壓泥器壓成泥。
- 3根蔥｜切小段，置於碗中備用。

B
- 15ml醬油
- 10ml麻油
- 10ml清酒（米酒也可以，但清酒較香）
- 少許白胡椒鹽
- 1/2茶匙鹽

C
- 30ml油

作法（不含前置作業時間約10分鐘）

1_ 以少許油熱鍋後，將豬肉片放入煎至微焦。

2_ 將30ml的油另外於小鍋中燒熱（有油紋跑出，代表溫度夠高），緊接著把熱油倒進蔥花碗裡，放入鹽跟白胡椒鹽，攪拌均勻。

3_ 將蔥花（油瀝掉）鋪在煎好的豬肉片上，即完成。

Recipe 08

隨便弄弄就很像的偽排餐

迷迭香檸檬雞腿排

林姓主婦活到這把歲數，早已把什麼情人節、聖誕節看得雲淡風輕，完全不會想要上街人擠人，或是拎著兒子去餐廳花大錢吃大餐，寧可想一些簡單但賣相佳的料理，如此一來就算是在家自己做也能有點過節氛圍，等到把兒子丟上床還可以跟老公看個電影慢慢吃，怎麼想都比到外面吃還輕鬆優雅。

如果你跟我一樣想在家假裝吃大餐，一定要試試這道迷迭香檸檬雞腿排，隨便弄弄就會像餐廳排餐一樣美味，另外再搭個麵包、沙拉，若有餘力再弄個南瓜濃湯或是羅宋湯（請不要翻白眼嫌麻煩，我只是給個菜單建議毫嗎你沒空做就算惹），保證你們吃到摸肚皮覺得滿意又實在！

□ 快速料理　■ 親子共享　□ 事先作好也可以

食譜

材料（2 人）

A
- 2 片去骨雞腿排｜以大蒜、迷迭香、黃檸檬、橄欖油、海鹽及黑胡椒醃 1 小時。
- 5 瓣大蒜｜切碎。
- 1 把迷迭香
- 1 顆黃檸檬（使用綠萊姆也可以）｜擠汁備用（也可在醃的時候直接用手擠）。

B
- 適量海鹽及黑胡椒

C
- 20ml 橄欖油
- 少許麵粉

作法（不含前置作業時間約 15 分鐘）

將雞腿上的料撥掉，兩面沾上薄薄的麵粉後，在鍋中以適量油將兩面煎至焦黃，即完成。

- 雞腿肉比較不好熟，用中小火慢煎是最保險的作法，過程中用剪刀將最厚的部分剪開，確認中心已熟，再把火轉大一些讓表層上色變焦脆。
- 一般而言，雞腿排帶皮的那一面因為很多油脂，一個不小心就可能臭揮搭，但這個雞排因為表層有沾麵粉，就不用擔心。
- 若醃的時候對於要加多少鹽沒把握，可以保守一些，吃的時候覺得不夠鹹再灑鹽也可以。
- 吃之前可再擠一些檸檬汁增添香氣。

Recipe 09

酸甜不膩口的完美和風洋食

紅酒蘑菇牛肉燴飯

話說對於要把紅酒入菜，我心中一直有很大陰影，因為我曾經試著要做紅酒燉牛肉，照著食譜加了一整瓶紅酒進去，又燉又烤地搞掉好幾個小時，我滿心期待，結果嚐一口竟然覺得難吃，果酸味很重吃起來我覺得超怪。

偏偏我是個鄉下俗，對於好吃的紅酒燉牛肉該是什麼味道毫無概念，看著那一大鍋肉也不曉得如何拯救味道，一度還有股衝動想說不然加醬油好了啦。最後無計可施，只好勉強吃一些，剩的拿去餵豬，不知道吃到的豬是否會覺得自己在法國呢？

那次之後，我覺得紅酒是個性格剛烈之人，加到鍋中還是不會放棄自我，跟其他食材似乎無法融合相處，便再也不敢挑戰。但有天赫然發現家中有瓶紅酒也擺太久惹，再度興起想把紅酒入菜的野心，於是做了這道紅酒蘑菇牛肉燴飯。

所謂失敗為成功之母，多虧之前的經驗，這次在調味道的時候，我知道要補一些甜味進去，想說加番茄醬會不錯；果然，加一些進去，跟紅酒的酸互補得恰到好處，讓醬汁變得酸酸甜甜，配飯或麵包都好吃極了，是個完美的和風洋食料理。剩下的紅酒，我還拿來做 Sangria，在週末的夜晚，在家吃這一餐根本超厲害啊！

■ 快速料理　□ 親子共享　□ 事先作好也可以

食譜

材料（1 人）

A
- 5～6 片牛肉片｜灑上薄薄麵粉備用。
- 5～6 顆蘑菇｜切片。
- 1/4 顆洋蔥｜切絲。

B
- 50ml 紅酒
- 20ml 番茄醬
- 適量鹽及黑胡椒

作法（不含前置作業時間約 15 分鐘）

1_ 以少許油熱鍋後，加入洋蔥爆香，炒至香氣出來並且帶點透明感。

2_ 加入蘑菇拌炒至出水。

3_ 加入牛肉片拌炒（若有些沾鍋，可以在肉上補淋一些油），炒至表面熟。

4_ 加入紅酒、番茄醬、少許水，將醬汁跟食材拌勻。

5_ 待醬汁微滾、與食材融合後，再以少許鹽及黑胡椒調味，即完成。

Recipe 10

在家吃也很嗨

泰式打拋豬肉飯

林姓主婦是個非常愛吃辣的人，當然不是那種可以生啃朝天椒的等級，但很多料理我都覺得不辣就少一味，可以的話煮什麼我都想加一點辣椒進去。但老天爺就是整我，偏偏讓我嫁給了一個在吃辣方面非常軟弱、看到菜疑似會辣鼻頭就開始滲水的男人。明明不太辣的東西，吃完一直跟我說臉很熱快要過敏爛掉，搞得我心理壓力非常大，好像因為自己愛吃而陷老公於不義（雖然就是這樣沒錯）。

所以像很重辣的泰式料理，想當然爾我們就很少會去吃柳，就算去，也會避開一些比較重口味、非辣不可的料理，像打拋豬這種是不太會點的，但好死不死那就是我最愛吃的一道啊！

還好天無絕人之路，我發現原來在進口超市就可以買到打拋醬，回家簡單炒一下，就跟餐廳一樣好吃，而且自己煮就可以調整辣度，不用怕在餐廳點了一盤太辣的打拋豬讓我們夫妻關係陷入緊張，現成的打拋醬真是功德無量啊。

我個人覺得在家可以吃打拋豬（也可以炒雞或牛）是一件非常嗨的事情，明明做起來超級輕鬆，卻很有一種在外頭吃飯的假像，注入濃濃的異國風情到日常料理讓生活充滿樂趣！自己炒打拋豬，記得一定要加牛番茄跟九層塔，除此之外我還會加點洋蔥，吃起來香氣逼人，讓人一下就嗑完一大碗飯毫可怕。

■ 快速料理　□ 親子共享　■ 事先作好也可以

食譜

材料（2～3人）

A ・約 300g 豬絞肉
・1 顆牛番茄｜切塊。
・1/4 顆洋蔥｜切段。
・3 瓣大蒜｜切丁。
・1 把九層塔｜去掉粗梗備用。

B ・打拋醬 3～4 小匙（依個人口味調整）

作法（不含前置作業時間約 10 分鐘）

1_ 以少許油熱鍋後，將豬絞肉入鍋拌炒至表層變白。

2_ 加入洋蔥及大蒜爆香，炒到香氣出來。

3_ 加入番茄，炒約 1～2 分鐘，讓番茄稍微變軟即可。

4_ 加入打拋醬跟少許水，醬汁滾之後試一下味道，若想要味道重些，可以補一些打拋醬，或是加少許醬油提味。

5_ 起鍋前加入一把九層塔，待九層塔炒軟即完成。

泰式打拋醬有很多不同品牌，味道鹹度會有些許差異，只要記得第一次用的時候保守點，先加1～2小匙，確認味道後再慢慢補，就不用太擔心搞砸。

主婦小撇步 05

為什麼一定要醬啦

快速料理調味醬料大公開

首先，林姓主婦希望大家明白，我的標題主旨不是在裝可愛，是一種一語雙關大家明白嗎？（認真推眼鏡）

好的回歸正題。自從開始寫部落格、分享我的家常料理後，最容易引起的誤會，就是讓身邊朋友或是讀者以為我們家天天大魚大肉，其實完全不是如此，特別是現在自己帶小孩，太搞剛的菜我絕對不做，經常搬出簡單又省時的料理來呼嚨我老公。

我覺得要維持對料理的興致跟熱情，就要時時讓自己放鬆好過點，偷懶幾天後自然會出現一些大作，不然天天都想要求新求變真的會逼死自己啊。不信你去問阿基師，我相信他回家也頂多煎條魚來吃吃吧（幹嘛亂想像阿基師的家庭生活）。

今天要介紹的是我家必備的五種調味醬料，我沒空醃肉或是調味的時候，靠它們真的就很能上得了檯面，而且都各有一些變化的方式可以運用，不用擔心買來一罐永遠用不完。確保它們隨時都在冰箱好好待著，對我而言是一種保險，讓我毫安心。

韓式醃烤肉醬

這是我強力推薦的第一棒！我這罐是在 Costco 好市多買的，但一般進口超市都買得到，口味都差不多，大家只要挑韓國來的就好。用這個韓式醃烤肉醬醃過的肉，吃起來跟韓國料理店的烤肉完全一樣，帶有果泥的醃醬吃起來香甜不死鹹，醃牛肉、豬肉、雞肉都可以，只要醃 10 ～ 20 分鐘就 Ok，下班後回家才處理也完全來得及。

我家冰箱隨時都有去骨雞腿排，想要來個快速又美味的簡餐時，就會用這個烤肉醬醃，用小火煎到焦香，再煎個太陽蛋，吃的時候把半熟的蛋黃拌進飯裡，這根本是銷魂烤肉飯我無可挑剔。

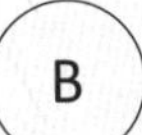

日式芝麻沙拉醬

這個醬非常好買，一般超市就可以買到日本進口的品牌。最基本的運用就是拿來淋在生菜沙拉上，但我平常不太吃沙拉，主要是作為涼拌豆腐的醬，或是淋在燙好的青菜上（菠菜、四季豆、龍鬚菜都很適合，記得要把水擠乾），最後再灑一些柴魚片，如此一來這個配菜無論口味或是視覺都非常夠水準。

這也很適合拿來做乾拌麵，配一些小黃瓜絲，忙到沒時間煮的時候，還是可以簡單為自己弄出一碗好吃的麵。

干貝XO醬

這也是我在 Costco 好市多買的，不會辣，裡面就是一絲絲的干貝，很清淡。在 Costco 好市多他們偶爾會示範料理，都是拿來炒飯，但我最常拿它來拌青菜，特別是娃娃菜或是大白菜，無論清蒸或是清炒後再加都可以，我老公永遠都愛這一道青菜料理。

D 鹽麴

這是近幾年日本很火紅的家庭調味用品，是由米麴跟鹽巴混合發酵、熟成的日本傳統調味料，因為口感溫和不死鹹，很多主婦喜歡拿它來醃肉。

我特別喜歡拿鹽麴醃松坂豬肉片，煎到焦香後，擠一些檸檬汁，配一些胡椒鹽，是不用動腦就可以完成的一道肉品料理。（P.82 鹽麴松坂豬）

雖說鹽麴不死鹹，但用量還是要注意。我本來不太會抓，後來看到一個日本食譜書上寫，鹽麴跟食材的比例約1:10，覺得恍然大悟（拍大腿），分享給大家參考，就不用怕加太多。

泰式打拋醬

我吃泰國料理一定會點打拋肉，現在少上館子，發現在進口超市買現成的打拋醬，在家也能做出跟餐廳一樣好吃的口味。

老公每次吃到都用感激的眼神看著我，殊不知這道菜等他兒子三歲就會做惹。

另外我也很推薦鵝油，拌飯、拌麵或是青菜都很好吃，只是這一陣子家裡沒有，就沒特別拍下來跟大家分享。

> “用對調味料，做菜就不用再土法煉鋼，對於沒空細細烹調的人們真的是一大福音，大家有機會可以買來用用看嘿。”

Recipe 11

瞬間提振胃口的夏日小清新

泰式鳳梨炒飯

小時候總覺得鳳梨不能吃太多，會很刮舌頭，現在不知道是品種改良了還是怎樣，好像隨便一顆鳳梨都甜到不行，吃一大盤也不會覺得刮口好神奇。

鳳梨產季正好是炎炎夏日，很容易食慾不振的時候，若把鳳梨入菜，會讓口味瞬間清爽很多。

泰式鳳梨炒飯，用香辣的咖哩粉配上香甜的鳳梨，是把料理跟水果結合的絕佳典範，雖然夏天炒飯總會滿頭大汗，但為了它，我可以。

☐ 快速料理　☐ 親子共享　■ 事先作好也可以

食譜

材料（2～3人）

A
- 6～8尾蝦仁｜洗淨去腸泥（也可用雞腿肉）。
- 1/4顆洋蔥｜切丁。
- 數片新鮮鳳梨或鳳梨罐頭片
- 1小把腰果（可省略）
- 1大匙肉鬆
- 1/4顆萊姆
- 2碗白飯

B
- 2小匙咖哩粉
- 2小匙醬油
- 1小匙魚露

作法（不含前置作業時間約10分鐘）

1_ 以少許油熱鍋後，加入洋蔥炒至香氣出來並且帶點透明感。

2_ 加入蝦仁拌炒至熟後，先取出。

3_ 加入白飯，拌炒至鬆軟。

4_ 加入咖哩粉、醬油、魚露，與飯拌炒均勻後，加入鳳梨片及剛炒好的蝦仁，再炒一下即完成。吃之前可以灑上腰果及肉鬆，並擠一些萊姆汁，更美味。

咖哩粉加多會苦，所以若試味道的時候覺得太淡，要補咖哩粉的話需要酌量，也可補少許醬油讓味道更出來。

Recipe 12

隨手調出的創意
梅香雞腿排

我很喜歡吃酸梅，以前隨便都可以吃下一大包，酸酸甜甜的讓我完全不知節制，但後來我竟然變成敏感型牙齒！冬天用冷水刷牙都酸痛到只能輕輕漱口，走在外頭露齒大笑時若一陣冷風吹來會覺得牙齦痛痛（幹嘛講疊字裝可愛），然後更慘的是，每次吃酸梅，吃不了幾顆牙齒就不舒服，總之我被酸梅害得不能常吃酸梅，真是苦不堪言！

好家在，在改積極改正刷牙力道及使用敏感型牙膏之下，我的牙齒總算是變得比較遲鈍了，雖然還是不敢大嗑酸梅，不過身為主婦，想辦法讓酸梅入菜，讓我嚐嚐味道，一解相思之苦應該情有可原，牙醫師也會支持我這樣做吧（？）。

我打算拿酸梅來醃雞腿排，對於要選用哪一種梅讓我著實思考了一下，曾想過要用日本的梅干，但擔心酸味會太重而放棄。審慎評估下（其實也就是在超市挑 10 秒），我決定買茶梅，因為茶梅偏甜，不是那種吃到會嘎冷筍的酸，我覺得入菜應該蠻適合。

作法很簡單，只要調一份梅醬就差不多搞定，一半拿去醃肉，一半拿去快速後製一下做成淋醬。調梅醬時，除了用基本的醬油、味醂、清酒，我還加了 1 匙蜂蜜，讓甜味再出來一些，另外弄了一點蒜泥進去，讓醬汁帶有微微蒜香。最後的成果梅香雞腿排，吃來酸甜不膩嘴，沒想到把常用調味料東拼西湊組合在一起，竟也就被我弄出理想的味道，一定要好好把這食譜記下，以後要更常做才是！

食譜

材料（2 人）

A
- 2 片去骨雞腿排
- 約 20 顆茶梅｜用手將籽擠出，梅肉切細。
- 2 顆大蒜｜用擠蒜器擠成細末。

B
- 40ml 醬油
- 20ml 味醂
- 10ml 清酒（米酒也可以，但清酒較香）
- 1 小匙蜂蜜

C
- 少許太白粉｜兌水備用。

作法（不含前置作業時間約 15 分鐘）

1_ 將醬油、味醂、酒和茶梅、大蒜混和均勻，調成梅醬。

2_ 取一半的梅醬，將雞腿排放入，醃 30 分鐘。

3_ 將剩下的梅醬對 1：1 的水，加入 1 小匙蜂蜜，放入小鍋以小火煮到微滾，用少許太白粉水勾芡。

4_ 以適量的油熱鍋後，將雞排以中小火煎到兩面微焦，起鍋後放適量梅醬於雞排上，即完成。

主婦小撇步 06

趕時間時，備料／烹調的優先順序

當媽之前，每天通勤回到家已經快要八點，但還是非常希望可以跟老公一起吃頓家常料理，在30分鐘之內上菜（通常是三菜）是我每天下班後的考驗，在通勤的路上就開始在腦海中盤算著等一下的料理順序，雖然很拼，但每次挑戰成功，能夠兩個人好好吃一頓飯，還是讓我得意不已。

理想的情況是把所有的料備完，再按順序烹調，那很優雅，但在很趕的情況下，思考邏輯會變成：先下鍋的先備料，當第一道菜下鍋時，邊顧火邊備第二道菜的料，以此類推，這樣才快。

所以決定備料順序的關鍵就是：你想要先煮哪一道菜？我提供自己一些判斷的方式給大家參考。

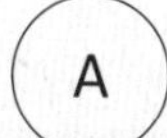

慢熟、需燉煮的先下

像三杯雞，先爆香、把雞肉外層炒到上色、調好味，就可以蓋上鍋蓋讓它稍微悶煮入味，不用一直去顧。或是鮭魚片，通常都有點厚，熱好鍋丟下去細火慢煎，就可以專心去處理下一道料理。絲瓜也是需要稍微悶煮一下，湯汁才會出來，但記得只要煮好，鍋蓋要打開，不然一直悶住，絲瓜會整個縮到很小。

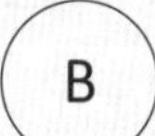

涼掉也不太影響口感的先下

像是川燙料理（川燙花枝）、蛋或豆腐類（菜脯蛋、蔥爆豆腐）、青菜，都可以。

剛起鍋才好吃的，最後下

像是炸類，起鍋一下子沒吃，酥脆的口感整個走掉，所以一定要讓他們當最後一棒，然後起鍋馬上開動。

如果要用同一個鍋連續烹煮，帶有濃厚醬汁或較重味道的料理最後下

料理過程中，洗鍋子絕對是最影響速度的一個環節。洗好的鍋子因為遇水降溫，又要等候 20～30 秒熱鍋，反反覆覆很浪費時間。而且不沾鍋不能熱鍋去洗，容易釋放有毒物質，所以帶有醬汁、一定非洗不可的料理（番茄炒蛋），或是味道重的（煎魚），直接留到最後一道炒，等吃飽飯再洗就好。前面先弄炒青菜等清淡的料理，起鍋後用餐巾紙沾水把鍋子擦乾淨，就可以換下一道。

E

別忘了，永遠要先洗米煮飯

飯煮好還需要悶一下才好吃，至少要 25 分鐘，所以無論如何，都要記得先煮「飯」。

Chapter 4

不用褒湯神技也能煮出來的好湯

來一碗暖胃的湯

Recipe 01

好喝到讓人想閉眼

香菇雞湯

煮一鍋雞湯，弄一份青菜，配茶油拌麵線（加蒜末、茶油跟醬油即可），是我固定會出的一個組合，堪稱最簡單的豐盛大餐，我跟老公始終吃不膩。但有些心虛的是，我覺得自己燉雞湯的功力很平庸，沒什麼好拿出來說嘴，連基本款香菇雞湯我都覺得普通，無論怎麼煮怎麼熬，味道都偏淡，加鹽也沒用，讓我不禁想外面餐廳到底是用幾百隻雞熬出一鍋雞湯，味道怎麼會如此濃郁，還是其實都有加高湯粉呢（表情陰沉推眼鏡）。

是還好我老公口味吃得很清淡，都很捧場，但身為林姓主婦（林姓主婦哪位啦），我對自己的廚藝還是有些期許，覺得連香菇雞湯都煮不好很難在大家面前抬起頭來（沒有人在看妳好嗎這位太太），還好，我終於找到讓香菇雞湯變好喝的秘密武器惹，那就是——紹興酒！

我想絕大多數的人煮雞湯都是加米酒，但我就是覺得這樣煮出來不夠好喝，一直到後來改加紹興酒，天啊那一鍋出來真的是香氣逼人，讓我的香菇雞湯達到前所未有的境界，是喝一口你會閉著眼睛翻白眼的那種好喝，一定要推薦給大家試試看。

□ 快速料理　□ 親子共享　■ 事先作好也可以

食譜

材料（4～6人）

A
- 2 隻土雞腿｜切塊川燙備用。
- 5 片老薑
- 5 根蔥｜切段。
- 5～8 個乾香菇｜泡軟備用，香菇水要留著（若大朵的就抓 5 個，小朵的可放 8～10 個）。

B
- 2 米杯紹興酒（約 360 ml）｜我是買台灣菸酒出的陳年紹興酒。
- 適量的鹽

作法（不含前置作業時間約 1 小時）

1_ 取一大鍋，水加到七分滿煮滾（以我用的 LC 24 公分圓鍋來說，約 2200ml）。

2_ 放入雞腿、老薑、蔥、乾香菇及紹興酒等食材（香菇水也要），水滾後撈起浮沫，轉小火繼續熬煮 1 小時，最後加適量鹽調味，即完成。

- 2米杯的紹興酒不少，入鍋時酒氣衝鼻，站在爐前我都覺得快茫了好嗨，但燉一燉酒氣就散了，只剩香氣，非常好喝。大家各自煮的量跟我的一定不會一樣，可以大致參考比例，基本上加1～2米杯的紹興酒都很 ok。
- 用大同電鍋也行，外鍋加2杯水。

一喝讓你以為在山產店

老菜脯雞湯

之前買了菜脯回家想要做菜脯蛋，結果煎好發現裡面的菜脯又硬又乾，味道跟口感完全不對，這才發現我買成老菜脯。

既然買了好幾片老菜脯，那就拿來燉雞湯吧，加冬瓜跟蒜苗一起煮，口味更豐富好喝。老菜脯雞湯作法十分簡單，但煮出來我保證你一喝會以為自己在陽明山的山產店吃飯，不煮一鍋喝喝看，我真的覺得太對不起天地良心了。

□ 快速料理　□ 親子共享　■ 事先作好也可以

食譜

材料（6 人）

A
- 2 隻土雞腿｜切塊川燙備用。
- 約 100g 老菜脯｜切塊。
- 6 ～ 8 顆帶皮蒜頭｜洗淨擦乾備用。
- 1 片冬瓜｜切塊。
- 1 根蒜苗｜切斜片備用。

B
- 50ml 米酒

C
- 約 2000ml 水

作法（不含前置作業時間約 1 小時）

1_ 用平底鍋加少許油燒熱後，將帶皮蒜頭放入爆香、取出。

2_ 將水煮滾，加入老菜脯、爆香後的帶皮蒜頭、雞腿肉跟米酒；湯滾之後，關小火，蓋上鍋蓋慢燉 50 分鐘。

3_ 燉好前 10 分鐘，放入冬瓜跟蒜苗燉煮（冬瓜才不會爛掉），冬瓜煮軟即完成。

- 老菜脯雞湯就是要用老菜脯，不要拿一般的菜脯煮嘿。
- 老菜脯雞湯會越煮越鹹，所以如果喝剩的要冰，可先把菜脯挑出，才不會在加熱的過程中變太鹹，煮滾可以試一下鹹度，覺得偏鹹就加一些水。

大人小孩都愛

南瓜栗子濃湯

自從兒子吃副食品的那段時間開始，南瓜變成我們家的鎮店之寶，沒有南瓜我會覺得孤單覺得冷，一定要有它在才安心。

但寶寶每餐才吃一點點，為這樣殺了一顆大南瓜，全都做成冰磚的話，大概要連吃三個月，他們再喜歡都會吐吧！所以那一陣子我很常順手做南瓜湯，反正為了做成冰磚，南瓜已經蒸熟，只要再炒炒洋蔥、用果汁機打一打，少少幾個步驟就可以變出一鍋香濃可口的南瓜湯。

現在，我兒子已經不吃副食品了，但我對南瓜的依賴已經割捨不掉。它很耐擺，不切開

的話，放幾個月都沒問題，囤一顆在家中，有時做濃湯，有時做南瓜飯，有時烤南瓜片都行。雖為一個低調沉默的隱士，放在架上完全不用招呼，卻是我們餐桌口味變化的一大功臣啊，我愛死它了！

南瓜栗子濃湯喝起來更香甜，只要在蒸南瓜時，順便丟一些栗子一起蒸，最後一起打成濃湯就好，喜歡喝這一味的話，找機會試試看吧！

□ 快速料理　■ 親子共享　■ 事先作好也可以

食譜

材料（5～6人）

A ・1顆南瓜｜示範使用的約1100g，放入大同電鍋，外鍋以兩杯水蒸，放涼後去皮、去籽，切大塊。

・1顆洋蔥｜切塊。

・10多顆栗子｜跟南瓜一起入鍋蒸。

・約1200ml的雞高湯或水（水量可依自己喜歡的濃稠度調整）

・100ml牛奶（喜歡奶味重一些的話，可調高奶的比例，甚至以牛奶取代水也可以）

B ・適量鹽及黑胡椒

作法（不含前置作業時間約15分鐘）

1_ 以少許橄欖油或奶油熱鍋，加入洋蔥炒至香氣出來並且帶點透明感。

2_ 加入南瓜塊、栗子、雞高湯／水、牛奶，將湯料攪拌均勻。

3_ 用果汁機或是手持攪拌棒打成濃湯，再於鍋中以微火煮滾，即完成。

4_ 最後可依個人口味添加少許的鹽、黑胡椒。

- 雖然我給了很明確的食材分量建議，但不用太刻意完全照著做，畢竟每次買到的南瓜大小不太一定。這道湯品好喝的關鍵很簡單，就是「南瓜要夠甜」；如果買到好吃的南瓜，就算你洋蔥少加了一些或是沒有雞高湯，都一樣會很好喝。
- 若對要加多少水沒把握的話，可以先保守一些，用果汁機打好後覺得太濃，再補水攪勻也可以；反倒是一開始就加太多水，讓湯變太稀的話，就會影響口感，救不回來。

Recipe 04

好吃又營養的保命湯品

羅宋湯

婚前我有長達六年的時間，跟我阿北住在北投山上，那是個鳥語花香，遠離塵囂的清幽之地，讓我每天花至少兩小時通勤都甘願。

住那唯一比較麻煩的是，如果週末一整天沒出門，實在很有可能在家餓死，打開冰箱只有吃到吐的冷凍水餃，打開家門只有野狗兩條，附近 100% 純住宅，什麼都買不到。

那時，我偶爾就會煮一鍋羅宋湯保命，因為它有大量的蔬菜跟牛肉丁，不只是好吃，更是充滿營養，就算一整個週末都只吃這一鍋，我也毫無怨言。

羅宋湯煮起來會蠻大一鍋，但我覺得這樣正好，忙碌的夜晚沒空煮飯時，可以熱一碗湯，煮一小把通心粉丟進去，再配個麵包，就是很理想的一頓輕食晚餐喔。

□ 快速料理　■ 親子共享　■ 事先作好也可以

食譜

材料（6 人）

A
- 400g 牛肋條｜切丁。
- 1 顆洋蔥｜切塊。
- 4 顆牛番茄｜切塊。
- 1 條西洋芹｜用削皮刀削掉表層粗纖維後，切段。
- 1 個馬鈴薯｜切小塊。
- 1 條紅蘿蔔｜切小塊。
- 適量高麗菜
- 2 ～ 3 片月桂葉

B
- 150ml 番茄醬
- 適量鹽及黑胡椒

C
- 2000ml 水

作法（不含前置作業時間約 1.5 小時）

1_ 以少許油熱鍋後，加入洋蔥拌炒至微焦黃。

2_ 加入牛肋條，炒至表層熟。

3_ 加入番茄、馬鈴薯、紅蘿蔔、西洋芹，把食材稍微拌炒均勻。

4_ 加入高麗菜（生高麗菜很占空間，看起來很多但煮軟之後就會消風，可以大略放到鍋子的八分滿）。

5_ 加入 2000ml 水及月桂葉，水滾後蓋上鍋蓋，以小火慢燉 1 小時。

6_ 最後加入 150ml 番茄醬，並且用適量鹽及胡椒調味，即完成。

Recipe 05

反正加點檸檬就對了

檸檬時蔬豬骨湯

其實林姓主婦的羞恥心在生產之後已經所剩不多，畢竟從產檢以來下面不知道被多少人看過，就算本來還有些害羞，自然產在擠小孩的時候真的會覺得老娘把腿開 180 度也 ok，只要兒子快點給我噴出來。生完下面好不容易可以合起來，結果胸部又不斷晾出來餵母奶，因為新手媽媽不熟練，還會有很多護理師來幫忙掐一掐車頭燈通一通乳腺，這下我連胸部也失守了，羞恥心這三個字怎麼寫我再也不知道。

羞恥心低落再加上自己帶小孩，出門辦事採買根本不在意打扮，只要達到衣可蔽體這個最低標準就好。但隨著兒子慢慢長大，照顧上比較不像第一年那麼費力耗時，我的羞恥心彷彿有些甦醒的跡象，逐漸想起來自己原本也是個愛漂亮的女人（摸臉），然後下一秒就驚覺自己已經變成肉鬆女（其實本來就是，只是更鬆而已）！

這種時候，就該煮一鍋蔬菜滿滿的豬骨湯當晚餐，作為清腸胃的第一步，吃下滿滿的蔬菜讓腸胃會非常舒服！其實用很多蔬菜熬出來的湯已經夠香甜好喝，但我特別在喝之前放幾片黃檸檬，再擠上少許檸檬汁，這樣的酸不會讓你喝到嘎冷筍，僅是畫龍點睛的提味，讓人喝了覺得非常清爽（好的我詞窮了反正就是加點檸檬很好喝），就算夏天也會想喝。

☐ 快速料理　☐ 親子共享　■ 事先作好也可以

食譜

材料（6人）

A
- 6條帶骨豬小排，約700g（也可使用豬軟骨或是帶骨雞腿肉）｜川燙備用。
- 1顆洋蔥｜切大塊。
- 1根玉米｜切段。
- 1根紅蘿蔔｜切塊。
- 適量高麗菜｜切塊備用。
- 2根西洋芹｜用水果刨刀刮去表層粗纖維，切大段。
- 2片月桂葉

B
- 數片黃檸檬（使用綠萊姆也可以）
- 適量的鹽及黑胡椒

作法（不含前置作業時間約1小時）

取一大鍋，水加到七分滿煮滾後，再將以上A項食材放入鍋中，熬煮1小時後，以適量鹽及黑胡椒調味即完成。喝之前可丟幾片黃檸檬片、擠少許檸檬汁於湯中，增添風味。

暖胃又暖心的香甜

馬鈴薯玉米濃湯

我不敢吃的東西頗多，其中最大的地雷就是奶製品。像我這樣的症頭吃西餐很麻煩，隨便都會被陰到，吃個沙拉上面也要灑一堆起司有完沒完。記得有次跟公司聚餐，上的第一道料理是馬鈴薯濃湯，奶奶白白的，我一看脖紋不知道擠出來多少條，但實在餓到靠北，而且一副很多都不想吃的樣子感覺很雞歪（雖然就是很雞歪沒錯），只好硬著頭皮舔了一口，沒想到一點奶味都沒有，好香好好喝，一回神我已經在舔碗了怎麼會這樣。

那次經驗讓林姓主婦明白，原來西式濃湯不見得都充滿奶味，要打開心胸給人家一個機會。於是找天自己做了一鍋，另外加了玉米讓口味更香甜，還拿一小塊培根煎到香脆，切碎灑在上面，香氣十足，一口喝下真的暖胃又暖心。這湯很適合當午後小點，或是搭配沙拉、麵包當輕食晚餐，給小孩喝也可以，重點是作法無敵簡單，我想不到失敗的點在哪，找個時間給自己做一份吧！

若喜歡喝細滑口感的濃湯，可以盡量用果汁機打碎，再用阿嬤的絲襪把渣渣濾掉，如果臨時找不到阿嬤的絲襪，用濾杓也是可以的（大家應該知道我說阿嬤的絲襪只是垃圾話吧，請第一優先用濾杓好嗎？真的沒有再去找阿嬤拿絲襪）。我喜歡喝有點口感的濃湯，就沒刻意這樣濾囉。

■ 快速料理　■ 親子共享　■ 事先作好也可以

食譜

材料（4～6人）

A
- 2顆馬鈴薯｜把皮洗淨，連皮切大塊。
- 1罐玉米罐頭（我是使用綠巨人特甜玉米罐頭198g裝）
- 1顆洋蔥｜切塊。
- 1片培根｜切小段（可省略）。
- 50ml牛奶（若喜歡奶味重一些，可以把奶的比例拉高，水的比例減少）

B
- 適量的鹽與黑胡椒

C
- 800ml水

作法（不含前置作業時間約20分）

1_ 馬鈴薯置於烤盤中，灑一些橄欖油，用烤箱烤到表層金黃、中心鬆軟（若沒有烤箱，也可用煎的，或是等洋蔥炒香後丟入一起炒）。

2_ 用少許油或奶油熱鍋，加入洋蔥炒至香氣出來並且帶點透明感。

3_ 將烤好的馬鈴薯丟入炒洋蔥的鍋中，加入水、牛奶，3/4罐玉米罐頭後，用果汁機或是手持攪拌棒打成濃湯。

4_ 將濃湯煮滾，放入剩餘的玉米（湯汁也可倒入），用適量的鹽與黑胡椒調味，即完成。

Recipe 07

平民等級的餐廳美食

洋蔥湯

有一年我徹底忘了老公生日，一直到當天才熊熊想起，眼看時間緊迫也不好臨時訂餐廳慶生，只好問老公有沒有想吃我煮什麼？沒想到他很卑微地說吃咖哩飯就好，我一聽差點噗哧出來，覺得這老公未免太好打發。

不過靜下心一想，如果我真的就煮一鍋咖哩飯幫老公慶生，似乎有些良心不安，而且他把過生日的規格降到如此之低，以後我的生日不就只能吃土？所謂婚姻關係是互相的，為了確保老公以後能繼續幫我盛大慶生，我還是決定好好幫他煮一頓生日晚餐以示誠意（林姓主婦心機好重）。

那時冰箱也沒什麼東西，但還好，我家永遠都會備著好幾顆洋蔥；我拿了 3 顆出來，切成細絲，用小火慢炒至焦糖色，再加點麵粉跟高湯，洋蔥湯就此完成。另外再煎一塊雞腿排，這樣一份簡單豐盛的晚餐，果然讓我老公感動不已。

自己做的洋蔥湯，因為洋蔥用得很實在，高湯及水不會加太多，所以香濃無比，是在外面很難吃到的美味。興致一來想在家裡吃點洋食時，別忘了試試這道用料最平民的餐廳美食！

☐ 快速料理　☐ 親子共享　■ 事先作好也可以

食譜

材料（3～4人）

A
- 3顆洋蔥｜切細絲。
- 400ml 雞高湯（我是使用牛頭牌原味雞高湯 1 罐）

B
- 適量黑胡椒

C
- 500ml 水
- 2 大匙麵粉

作法（不含前置作業時間約 30 分鐘）

1_ 以少許油或奶油熱鍋後，將洋蔥以小火炒到焦糖色。

2_ 加入麵粉，跟洋蔥拌炒均勻。

3_ 加入雞高湯及水，湯滾之後以小火燉煮 20 分鐘，灑些黑胡椒，即完成。

- 洋蔥湯很簡單，唯一就是需要點耐心用小火炒洋蔥，雖然得耗上一陣子，但無需時時翻炒，一直翻反而會讓洋蔥沒機會受熱，可一邊做其他菜一邊顧火，也不算麻煩。
- 洋蔥炒到越焦糖化（變成深咖啡色，但沒有焦黑掉），湯會越甜。
- 一般會使用牛高湯，但台灣很少會賣牛高湯罐頭或是高湯塊，所以我示範是使用很好取得的牛頭牌原味雞高湯，一樣好喝。

Chapter 5

有飯有菜又有肉的全壘打料理

一鍋到底的美味飯

主婦小撇步 07

鑄鐵鍋該怎麼挑選？

本章節介紹的美味飯，有的是鑄鐵鍋炊飯料理，意指原則上食材都是在同一鍋拌炒，再加入洗好的生米悶煮至熟；有的則是先將料炒熟後，再拌入煮好的白飯。

若是前者，即便沒有鑄鐵鍋，靠大同電鍋也是做得出來，只要於炒鍋將食材炒至香氣出來，再跟生米一起放入鍋中，用一樣的煮飯程序，最後煮好時再拌勻、調味即可。

但如果家中剛好想要添購新鍋子，林姓主婦真心認為可以考慮買個鑄鐵鍋，不但燉煮料理時特別好用，做炊飯更是極為方便，整體所需時間比用電鍋還快，是忙碌主婦的最佳戰友。

鑄鐵鍋我目前都是用 Le Creuset 的，他們尺寸分很細，第一次要下手可能會感到無所適從。為了避免各位像我當年一樣，一時心慌就在特賣會亂槍打鳥買了六個，林姓主婦特別回想了自己這些年來的使用心得，提供簡單的選購建議。

A 22cm 或 24cm 鑄鐵圓鍋

這個尺寸對小家庭而言非常剛好，拿來做燉煮類的料理（咖哩、紅燒牛肉等）或是煮湯都很適合，至於究竟要選 22 cm 還是 24 cm，我覺得要看你烹飪的習慣。

如果你習慣把分量抓得很精準，盡可能希望當餐解決掉，就算剩也不要剩太多，那 22cm 好，用它煮咖哩的話，4 ～ 5 人份一餐可吃完。如果你覺得都花時間煮了，不如一次多弄一些，剩了冰著之後吃很方便，那就可以考慮 24cm。假使這一個問題你有點答不出來，覺得自己好像有點喜歡吃剩菜但又不是很喜歡太常吃剩菜（什麼啦），那別掙扎了，買 24 cm，因為鍋子大點，使用上總是多點彈性，大不了就是有時食物裝不滿，但總比鍋子不夠大好。

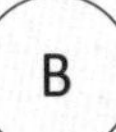

B 18cm 鑄鐵圓鍋

LC 的特色就是很適合一鍋烹調到底＋直接上桌，小鍋就可以拿來做很多家常菜，像是蛤蜊絲瓜、麻婆豆腐、三杯雞，做炊飯也可以。

16 cm 放絲瓜進去就會不太好翻炒有點擠，20cm 又太大了，可能會讓絲瓜覺得自己很渺小感到自卑，18cm 是我覺得大小比較適中的，一整條絲瓜都放得進去，等絲瓜出水之後，上面還可以放一些蛤蜊去悶，這樣講大家腦中有畫面吧？林姓主婦以放不放得下絲瓜來當做購買 LC 鍋的尺寸衡量，還顧及絲瓜的心理感受，絲瓜協會知道了是否會覺得很想頒獎給我呢（並沒有這個協會！）

“以上兩種尺寸購入之後，先用一陣子，觀察自己的使用情況，如果那種失心瘋的感覺還是直撲而來，擋也擋不住，再繼續跟我一起愚昧地添購（燦笑招手），反正再慘都有林姓主婦在前面頂著，我才是真正的瘋婆子！”

Recipe 01

清淡營養又美味破表

鮭魚毛豆炊飯

兒子一歲前覺得要幫他特別準備副食品很麻煩，一歲後雖然他慢慢進化，能跟我們吃越來越多食物，不再需要弄副食品，但相對他的體力跟精力也是不斷進化，老娘必須三天兩頭帶他出門野放，不然整天在家肯定作亂。以結果而言，不做副食品所省下的時間，拿去陪他四處走跳不但不夠，反而還倒賠，只能說媽媽的字典裡沒有「悠閒」兩個字。

忙碌的主婦生活，做炊飯料理最適合不過，用鑄鐵鍋從生米煮成熟飯只要十幾分鐘，裡面有飯、有肉、有菜，比我一道道弄快多了。我可以趁兒子午睡做好，兒子睡醒後去公園玩一圈回來，飯在鍋中還有些餘溫，給他吃正好，還可以順手把飯捏成三角飯糰，小朋友覺得有新鮮感，吃起來滿是享受。

這份鮭魚毛豆炊飯是我們一家都很喜歡的口味，充滿濃濃的日式風情，清淡卻美味營養，是很理想的日常生活料理，歡迎大家常常 cue 它出場。

☐ 快速料理　■ 親子共享　■ 事先作好也可以

食譜

材料（2～3 人）

A ・1 片鮭魚
・半碗毛豆
・1/4 顆洋蔥｜切丁。
・5 朵新鮮香菇（其他菇類也可以）｜切細丁。
・1 杯米｜洗淨瀝乾備用。

B ・適量的鹽和烹大師

C ・1.1 杯水

作法（不含前置作業時間約 20 分鐘）

1_ 將鮭魚表層抹上薄鹽，在平底鍋中將兩面煎到金黃色，取出後將刺挑出備用（煎鮭魚不用放任何油喔，鮭魚遇熱就會慢慢出油）。

2_ 煎魚的同時，以少許油熱鑄鐵鍋，加入洋蔥炒至香氣出來並且帶點透明感。

3_ 加入生香菇炒至出水。

4_ 加入生米及 1.1 杯的水，跟食材拌炒均勻。

5_ 水滾後，把毛豆跟鮭魚放在上方，蓋上鍋蓋轉小火煮 15 分鐘。

6_ 最後以適量的鹽及烹大師調味，在拌的過程中，鮭魚也會被搗碎散布在飯中，攪拌均勻即完成。

- 有些食譜會將鮭魚先用醬油、米酒或清酒醃過，通常這樣的作法，魚都是用蒸的或是入鍋一起煮，但我是先煎過，不會有腥味，以鹽巴調味就很好吃，不用醃。
- 若不使用鑄鐵鍋，也可用電鍋，只要先將洋蔥、香菇炒熟，再跟生米一起放入鍋中，表層同樣放上毛豆及煎過的鮭魚，用1杯水蒸即可，之後的步驟一樣。
- 除非食材很會出水，不然一般炊飯，建議米跟水的比例為 1：1.1，也就是水要略為多一些些。

Recipe 02

栗子和炊飯的美妙相遇

栗子地瓜雞肉炊飯

我很喜歡吃栗子，如果端午節吃到沒包栗子的肉粽我會感到非常生氣，不過日常料理中，我倒是不常將栗子入菜。

有次看到店家賣去殼的生栗子，覺得親切就買了一包回家，但冰了很久我還是沒用它，主要是腦海中實在沒想到什麼菜單，總跟它面面相覷，不知拿它如何是好，它應該很懷疑我的真心。

後來有天要做炊飯跟兒子一起吃，在冰箱東翻西找看有哪些食材，突然瞄到一包神情哀怨的栗子，想說好吧擇日不如撞日，就把栗子弄來吃吃看吧。但我覺得單靠栗子撐起一鍋飯好像風險有點大，就再拿條地瓜，天塌下來還有地瓜頂著，我相信這鍋飯不會難吃到哪去。

果然，這兩種甜味搭在一起非常對味，重點是我以前都不知道，生栗子跟生米放在鑄鐵鍋悶煮 15 分鐘，就會徹底鬆軟而且爆甜，好吃極了，我竟然把它打入冷宮那麼久，真是太對不起它惹～

□ 快速料理　■ 親子共享　■ 事先作好也可以

食譜

材料（2～3人）

A
- 1/2 片去骨雞腿排｜去皮，切掉明顯油脂切小丁後，以少許醬油醃 10 分鐘。
- 1/2 顆洋蔥｜切丁。
- 1 條地瓜｜切小塊。
- 5 顆生栗子
- 1 杯米｜洗淨瀝乾。

B
- 半茶匙鹽
- 10ml 味醂（可省略）

C
- 1.1 杯水

作法（不含前置作業時間約 20 分鐘）

1_ 以少許油熱鑄鐵鍋後，加入洋蔥丁炒至香氣出來並且帶點透明感。

2_ 加入雞肉拌炒至表面變白。

3_ 加入米、地瓜、鹽、味醂及 1.1 杯的水，攪拌均勻後，在上面鋪上栗子。

4_ 水滾後，蓋上鍋蓋，轉小火煮 15 分鐘，即完成。

清爽不油膩的親子好食

日式雞肉野菇炊飯

這道日式雞肉野菇炊飯，作法跟一般炊飯不太一樣，是先把料炒熟調好味，再拌進白飯裡。我認為這樣的作法更能掌握味道，不像傳統炊飯，是直接把調味料跟生米一起煮，如果沒煮過的話，一時間真的不太好抓分量。

這道飯加了很多菇，口味清爽不油膩，就算涼了也好吃。家中有小朋友的話，還可以捏成小飯糰，讓他們在餐桌上也能開心共食，帶出門當野餐輕食也非常理想！

■ 快速料理　■ 親子共享　■ 事先作好也可以

食譜

材料（2～3人）

A
- 1/2 片去骨雞腿排｜去皮切小塊，用少許醬油醃 10 分鐘。
- 2 朵新鮮香菇｜切片。
- 8～10 朵秀珍菇
- 適量鴻喜菇｜切段。
- 1/2 根紅蘿蔔｜用刨刀器削成細絲。
- 1 杯米｜先用電鍋煮好。

B
- 10 ml 醬油
- 10 ml 味醂（可省略）
- 少許烹大師

作法（不含前置作業時間約 15 分鐘）

1_ 以少許油熱鍋後，將雞腿肉丁炒到表層變白。

2_ 加入所有的菇，拌炒至出水。

3_ 將炒香菇出的水倒掉，加入紅蘿蔔絲拌炒至變軟。

4_ 食材以醬油、味醂調味後，將白飯放入，攪拌均勻，最後加少許烹大師即完成。

- 最後試味道若覺得味道偏淡，可補烹大師，不要用醬油，不然飯會變太濕。
- 菇一開始看起來很多，但出水之後會變小，拌進飯裡後的比例很剛好，不用擔心。

Recipe 04

讓南瓜變台味

香菇南瓜飯

過去的我莫名地不太敢吃南瓜，可能因為印象中的南瓜料理多半會摻點牛奶，始終敬而遠之。

有次到咖啡廳吃飯，一眼望去菜單上普遍是含起司的餐點，心想今天大概又沒東西可點了吧，帶著絕望的心情去問老闆該怎麼辦。老闆說可以試試他們的南瓜飯，完全沒有奶，是他媽媽的拿手料理，他從小吃到大的美味回憶，請我務必試試看。

一端上桌，我吃了一口就感動到快哭出來，南瓜的香甜竟然蘊含著熟悉的香菇味，老闆果然沒有呼嚨我，這完全是台式南瓜飯啊！那美味太驚人，我離開前還厚著臉皮去問老闆怎麼做。

感謝老闆不藏私，我回家第一次做就成功了，爾後朋友來家裡聚餐，甚至是生了兒子後要煮飯跟他一起吃，這道飯都會派上用上，真要感謝那位老闆，讓南瓜正式走入我的生命裡啊～～

□ 快速料理　■ 親子共享　■ 事先作好也可以

食譜

材料（2～3人）

A
- 適量雞肉或是豬肉｜切丁後用少許醬油醃 10 分鐘（雞胸肉、雞柳條、雞腿肉或是梅花豬肉都可以）。
- 300g 南瓜（去皮去籽後的重量）｜將南瓜放入大同電鍋，外鍋以 2 杯水蒸，放涼後去皮、去籽，切大塊。
- 1 朵乾香菇｜泡軟後將水分擠出，切細丁。
- 1 杯米｜先用電鍋煮好。
- 適量蘆筍、甜椒或甜豆等蔬菜｜燙熟或是炒熟。

B
- 少許醬油

作法（不含前置作業時間約 10 分鐘）

1_ 以少許油熱鍋後，將香菇爆香。

2_ 加入雞肉／豬肉拌炒至熟。

3_ 加入蒸熟的南瓜塊，用木鍋鏟在鍋中搗成泥。

4_ 加入白飯跟所有的料充分拌勻，最後以少許醬油提味，將蔬菜鋪在上面即完成。

Recipe 05

讓配角變成主角的美味

香菇高麗菜飯

我覺得我這輩子跟香菇、高麗菜緣分很深，我們三個人的小拇指應該有紅線緊緊牽著，因為只要食物裡有這兩樣東西搭在一起，我一定義無反顧地吃下一大半，別人吃不飽我也不管（這樣對嗎）。

香菇高麗菜稀飯，就是他們小倆口緊密結合最佳方式，在這鍋鹹粥裡，他們就是主角，不像在大多料理中他們總是綠葉，搶不到 spotlight 揪搵憐。

從小我就愛吃香菇高麗菜粥，多年後我兒子也傳承了我的味蕾，在吃副食品階段就很喜歡吃這口味的粥，每次都捧場吃下一大碗，讓我覺得這兒子真是沒白生好欣慰（感動點是否太低）。

但小孩飲食的喜好真是瞬息萬變，突然有一天他就給我不吃粥了，我們說好要一起吃下千萬鍋香菇高麗菜稀飯的約定怎麼辦。

還好，老娘還有辦法，就是做成炊飯，味道一樣好，而且正是兒子現在喜歡的口感，他想躲也躲不掉就乖乖跟媽媽一起吃下去吧。

這是很傳統的古早味，有著香菇的香、高麗菜的甜、淡淡的醍醐味，跟少許白胡椒鹽的鹹辣，幾個最簡單的元素，結合在一起卻強大無比。此外，我還加了紅蘿蔔讓營養更豐富，配色更美，煮一鍋一家三口吃到一粒飯都不剩，又一個皆大歡喜之作請給林姓主婦掌聲鼓勵鼓勵。

☐ 快速料理 ■ 親子共享 ■ 事先作好也可以

食譜

材料（2～3人）

A
- 150g 豬肉丁｜用少許醬油醃 10 分鐘（我使用帶點油脂的豬五花肉丁）。
- 適量高麗菜｜洗淨切片。
- 1 條紅蘿蔔｜切小塊。
- 2 朵乾香菇｜泡軟後將水分擠出，切小丁，香菇水留著。
- 2 瓣大蒜｜拍碎。
- 1 杯米｜洗淨瀝乾備用。

B
- 15ml 醬油
- 適量的鹽及白胡椒鹽

作法（不含前置作業時間約 20 分鐘）

1_ 以少許油熱鍋後，加入大蒜爆香。
2_ 加入香菇爆香。
3_ 加入豬肉丁拌炒至表層熟。
4_ 加入高麗菜，炒至微軟。
5_ 加入紅蘿蔔丁稍作拌炒。
6_ 加入醬油拌炒，讓食材稍微入味。
7_ 加入生米及 1.1 杯的水（連同香菇水），攪拌均勻。
8_ 水滾後，蓋上鍋蓋，轉小火煮 15 分鐘。
9_ 最後以適量的鹽及白胡椒鹽調味，即完成。

- 若不使用鑄鐵鍋，也可用電鍋，只要先於平底鍋將1～6的步驟完成，再跟生米一起放入鍋中，內鍋一樣用1.1杯水，外鍋用1杯水，蒸好再做最後調味。
- 若剛好有熟飯，也可以在第6步驟完成後，直接把飯拌入鍋中跟料混和均勻，最後調味即完成。
- 若要煮成高麗菜粥，直接在第6步驟之後，加入適量高湯或水，待湯滾，放入白飯轉小火慢熬，白飯煮到軟爛，最後調味即完成。

陰陽調和的牛蒡和玉米

香甜玉米牛蒡炊飯

幫兒子準備副食品實在是我育兒頭一年最不願回首的心酸路程，雖說他吃得很不錯還算識相，但為了要讓他嘗試各式各樣的食物，我得思考食材間該如何搭配，才會讓副食品兼顧營養與美味，還是費心費力。

牛蒡是個很好的食材，富含膳食纖維，營養價值非常之高，我還蠻愛吃它，不過我想它也會承認自己土味有點重（不是笑它是鄉下來的，是真的有股土的味道），若單放在不調味的副食品之中，土味更會爆衝出來不太討喜，讓我著實苦惱了一下該找誰跟它媒合，才能幫它陰陽調和。

後來我發現牛蒡跟玉米是天生一對，玉米的甜會讓牛蒡的土變得溫和許多，將兩個襯在一起口味非常和諧，便用這個黃金組合讓兒子欣然將牛蒡吃下肚。

現在不做副食品了，但這個配對結果我依然感到滿意，便改成做炊飯，果然好吃。我豪氣地加了一整罐玉米，讓每一口都吃得到香甜，還可趁熱在飯上放一塊無鹽奶油，這樣一鍋飯，肯定大人小孩都會喜歡！

□ 快速料理　■ 親子共享　■ 事先作好也可以

食譜

材料（2～3人）

A
- 1片去骨雞腿排｜切丁後，用少許醬油醃 10 分鐘。
- 1罐玉米罐頭（我使用綠巨人玉米罐頭 198g 裝）｜將玉米瀝乾、玉米水留著。
- 1段牛蒡｜去皮切丁泡水（不然會黑）。
- 1/2 顆洋蔥｜切丁。
- 1杯米｜洗淨瀝乾。

B
- 適量鹽

作法（不含前置作業時間約 20 分鐘）

1_ 以少許油熱鑄鐵鍋後，加入洋蔥丁炒至香氣出來並且帶點透明感。

2_ 加入雞肉拌炒至表面變白。

3_ 加入牛蒡丁稍作拌炒。

4_ 加入米、玉米罐頭及 1.1 杯的水（含玉米水），攪拌均勻。

5_ 水滾後，蓋上鍋蓋，轉小火悶 15 分鐘，最後以適量鹽調味即完成。

6_ 若喜歡奶油，可最後放上一塊無鹽奶油。

Recipe 07

有機會應該早點認識

鮮蝦牛肝菌菇油漬番茄燉飯

林姓主婦很愛亂買一些自己以為有天會用的乾貨、罐頭或是調味醬料，牛肝菌菇跟油漬番茄就是我某次失心瘋的下場，估計當時看了國外料理節目的主持人有用，看完就腦波很弱覺得人家也要（扭）。

但實際上我是個台妹，對於這種歪國食材我不太知道怎麼運用在日常料理上，它們倆就這樣在儲物櫃過著乏人問津的孤寂生活，左右鄰居都換了一輪，只有它們始終還在。

終於有天我心血來潮想做燉飯，正苦惱家裡沒合適食材時，東翻西找在冷宮發現它們的身影，無計可施之下只好硬著頭皮派它們出場，在對於會做出什麼味道的燉飯毫無預期的情況下，沒想到竟然很好吃！

牛肝菌菇泡水之後味道有點重，本來擔心加到飯裡會變成整鍋的主角，但它的味道原來相當溫和，不會很搶戲；油漬後的番茄則是酸味少些，多了些甜味，混進飯裡不時吃到一小片，酸甜清爽。

那次之後，我總算打開心防，真心接納牛肝菌菇跟油漬番茄，想要吃點洋味的時候就會讓它們出來表現表現，實在有點相見恨晚，必須趁此機會讓大家多多認識一下人家！

☐ 快速料理 ☐ 親子共享 ■ 事先作好也可以

食譜

材料（2～3人）

A
- 6～8個蝦仁｜洗淨擦乾備用。
- 1條櫛瓜｜切塊（也可用蘆筍或甜豆）。
- 1/2顆洋蔥｜切丁。
- 10多片牛肝菌菇｜泡軟後將水擠乾，切細。
- 8～10顆油漬半乾小番茄｜切碎。
- 1～2瓣大蒜｜切丁。
- 1杯米｜洗淨瀝乾。

B
- 適量的鹽和黑胡椒

作法（不含前置作業時間約20分鐘）

1_ 以少許油熱鑄鐵鍋後，加入洋蔥丁炒至香氣出來並且帶點透明感。

2_ 加入蝦仁、櫛瓜、牛肝菌菇、 番茄丁、大蒜拌炒，蝦仁炒熟後先取出。（若用蘆筍或甜豆，也是炒熟就要先取出，不然跟米繼續悶煮會黃掉）

3_ 加入米及1.1杯的水，攪拌均勻。

4_ 水滾後，蓋上鍋蓋，轉小火煮15分鐘。

5_ 關火後，以適量鹽及黑胡椒調味，將蝦仁鋪上，即完成。

Recipe 08

彷彿置身義大利餐館

白酒番茄蛤蜊炊飯

林姓主婦自知不是一個跟得上潮流的人，對於時下流行的事物，有時會保持一點微妙的距離。像是我從來不花時間排隊去吃正夯的美食，也不願人擠人去逛新引進的知名品牌；逛街時，不管服飾店推出哪些新潮的設計，我永遠都是買條紋衣或是牛仔衫，堪稱活在時代的末端，有種近乎山頂洞人的心理狀態。把話題帶回料理好了（鏡頭一轉）。

前一、兩年不是一堆人在網路上瘋傳「整顆番茄飯」的食譜嗎？那個我也沒做過（挖鼻孔）。為什麼愛煮飯的我不試試看呢？在家嘗試新食譜又不用出去人擠人，有什麼關係嗎？不是一堆人都說簡單又好吃，到底為何要跟主婦們背道而馳呢？好吧我說不出來為什麼，反正我就是沒做過（繼續挖鼻孔）。

但最近剛好家裡番茄擺有點久，有天想拿來做炊飯，趕快吃掉給彼此一個痛快。本來已經順手要拿刀殺了它，下手前突然想到那個流傳已久的作法，一個轉念我終於突破心理障礙，在落後全世界兩年後，抬起腳跨出這巨大的一步（？），第一次用鑄鐵鍋做了整顆番茄飯。

我的作法是先在鑄鐵鍋爆香大蒜跟培根，其他食材跟著生米一起放入鍋中就好，省下不少拌炒的時間。除此之外，我還加了蛤蜊跟少許白酒，悶煮的時候香氣四溢，讓我覺得根本就像在義大利餐館一樣。沒想到這道料理不用三兩下功夫，就讓家裡充滿異國美食的風情！懶得煮飯時，這道料理真的非常快速又方便，跟我一樣 lag 很大的人，可以找時間試試看！

■ 快速料理　□ 親子共享　□ 事先作好也可以

食譜

材料（2～3人）

A ・6～8 顆蛤蜊｜吐沙。
・1 片培根｜切細條。
・1 顆牛番茄｜以水果刀先將蒂頭挖除。
・1 條櫛瓜｜切丁。
・5～6 個蘑菇｜切丁。
・2～3 顆大蒜｜拍碎。
・1 杯米｜洗淨瀝乾。

B ・適量鹽及黑胡椒

C ・1 米杯水＋白酒（比例約 4：1）

作法（不含前置作業時間約 20 分鐘）

1_ 以少許油熱鍋後，加入大蒜及培根爆香。
2_ 加入櫛瓜、蘑菇、生米、水＋白酒，將所有食材攪拌均勻後，把番茄放在中央。
3_ 水滾後，將蛤蜊鋪在外圍，蓋上鍋蓋以小火燜煮 15 分鐘。
4_ 最後以適量鹽及黑胡椒調味，即完成。

- 吃之前，先把蛤蜊挑出，用湯匙將番茄搗碎拌勻，再把蛤蜊鋪上，就可以上桌開動。
- 一般用鑄鐵鍋做炊飯，1 杯米都會對1.1 杯的水，但因為番茄跟蛤蜊都有很多水分，我只加 1 杯的水量，成果才不會過於濕黏。

Chapter 6

有 時 就 是 要 這 樣 簡 單 弄 啊

隨時可吃的輕食小點

Recipe 01

自己下海做卡實在

日式酒蒸蛤蠣

喜歡做菜的人大概不太會錯過「深夜食堂」這部療癒短篇日劇，劇中每集都會藉由一道料理，帶出平凡人物的小故事，看完雖不到痛哭流涕的地步，但總能感受到淡淡的餘韻，是近年我最喜歡的小品日劇。

深夜食堂老闆做的料理之中，我對酒蒸蛤蠣莫名地印象深刻，可能是因為那集的故事特別感動我，但更有可能單純是因為這道料理在居酒屋吃貴桑桑，在家做簡單又划算，而且身為一個賢淑顧家的婦人，我現在根本沒機會出入居酒屋這種深夜限定的場所，想吃的時候還是自己下海做比較實在。

酒蒸蛤蠣的特色就是在悶煮的時候要加清酒進去，日式風情就靠這一味。短短 2 分鐘，整鍋蛤蠣就會張開流出滿滿湯汁，混合爆香過後的蔥、蒜、辣椒，香氣四溢。起鍋前還可以加一小塊奶油、淋少許醬油，讓味道更加豐富，無人可招架。

吃的時候，我喜歡搭配冰涼啤酒，反正要騙自己在居酒屋就演得徹底一點，最後更要用蛤蠣殼舀起湯汁小口喝下，吃到一個蔥花都不剩，才能甘願與它告別，這道 10 分鐘之內就可搞定的料理，在有點嘴饞的夜晚，最合適不過。

■ 快速料理　□ 親子共享　□ 事先作好也可以

食譜

材料（2～3人）

A
- 20～30顆蛤蠣｜吐沙備用。
- 2～3瓣大蒜｜切丁。
- 2～3根蔥｜切成蔥花。
- 1根辣椒｜切小段。

B
- 30ml清酒（米酒也可以，但清酒較香）
- 1小塊奶油（可省略）
- 半茶匙醬油（可省略）

作法（不含前置作業時間約5分鐘）

1_ 以少許油熱鍋後，爆香蔥、蒜及辣椒。

2_ 加入蛤蠣及清酒，蓋鍋悶煮。

3_ 蛤蠣煮熟張開後，加上1小塊奶油跟半茶匙醬油，即完成。

蛤蠣已經有蠻重的鹹味，若要加醬油，請務必注意只能一眯眯，不然會太鹹。

Recipe 02

成人才懂的微妙美味

明太子烤馬鈴薯

我覺得明太子是長大之後才會明白的美味，因為它其實帶有一股微妙的腥味，涉世未深的人可能會覺得害怕，要等到在社會上打滾一番，嚐過現實生活的酸甜苦辣，才會發現這點腥根本不算什麼！進而感受到它特殊的美味之處。

還好林姓主婦已經三十好幾，登大人很多年了，有足夠的歷練跟智慧去欣賞明太子，只要是明太子口味的東西，像是義大利麵、麵包、烤雞翅等，我都愛得要死。

這道明太子烤馬鈴薯是我很喜歡的一道輕食小點，將明太子跟美乃滋混一起，鋪厚厚一層在馬鈴薯上再拿去烤，一口咬下覺得有夠奢侈，還是只有自己做才能用料如此豪邁啊～

☐ 快速料理　☐ 親子共享　■ 事先作好也可以

食譜

材料（3～4人）

A ・2顆馬鈴薯｜切成0.5公分的薄片，以電鍋蒸熟（外鍋用1.5杯水左右）。

・2～3條明太子（約150g）｜剪開外層薄膜後，將內餡張開鋪平，以刀背將魚卵刮出備用。

B ・2大匙美乃滋（可依個人喜好調整）

作法（不含前置作業時間約20分鐘）

將明太子及美乃滋攪拌均勻，鋪在蒸熟的馬鈴薯上，放進烤箱，烤至表層焦黃，即完成。

美乃滋我是買日本Q比的，比較不膩；家附近的超市買不到，我是直接上網訂購，不然就要跑去進口超市。

Recipe 03

簡單上手的野餐料理

栗子馬鈴薯沙拉

這幾年台灣很流行野餐，但林姓主婦可以很不解風情地說，還沒生小孩時，我不太明白樂趣在哪兒，更覺得這活動被一些品味人士弄到規格好高好難發摟，好像裝備必須相當齊全才能去野餐。而且我容易腰痠背痛，要我憑痣己的力量挺直腰桿坐在草地上，沒東西給我靠背，根本 10 分鐘後我就笑不粗乃很想去按摩。

再來我懷疑野餐到後來會不會有點無聊，可能一開始大家很熱絡互動，但到了一個關卡就會出現面面相覷的場景，畢竟現代人都是在臉書上比較熟，熊熊跟真人互動會有點緊張跟詞窮，於是大家就會找到理由用手機低頭避開彼此的目光一下。

現在有了小孩，我才終於明白，原來野餐只要一塊野餐墊跟一些簡單食物跟水果就夠。不用怕坐久會腰痠，因為可以躺著看看天空；不用怕無聊，因為看兒子在草地上走，有時吹泡泡給他玩，有時跟他丟丟球，就很好玩，而且跟老公冷場也是家常便飯，我們都學會在相看兩無言中怡然自得（嗯？）。

我覺得馬鈴薯栗子沙拉很適合當野餐料理，可以前一晚先做好，隔天要出門時，拿新鮮吐司做成三明治，另外再準備水果切片跟飲料，簡簡單單就搞定。

□ 快速料理 ■ 親子共享 ■ 事先作好也可以

食譜

材料（5～6人）

A
- 2 顆馬鈴薯｜去皮切塊，放入大同電鍋用 2 杯水蒸熟。也可用水煮，煮到能用筷子輕鬆穿過的鬆軟口感，就可以取出瀝乾備用。
- 10 多顆栗子｜放入電鍋跟馬鈴薯一起蒸，蒸軟後用切成細丁（若沒有生栗子，也可以到超市買現成的甜栗子，就可直接切丁使用）。
- 1 條小黃瓜｜切薄片，放入碗中加進 1 小匙鹽，抓勻後放置半小時等候出水，再用手將水擰乾。
- 適量玉米粒
- 2 顆雞蛋｜水滾後轉小火將雞蛋放入煮 8 分鐘，取出冷卻剝殼、搗碎。

B
- 適量美乃滋（我大約用 3 大匙，可依個人喜好隨意調整）
- 適量的鹽及黑胡椒

作法（不含前置作業時間約 10 分鐘）

1_ 馬鈴薯蒸熟後，放入一大盆，以搗泥器壓碎。

2_ 將栗子丁、小黃瓜片、玉米粒、雞蛋、美乃滋放入盆中攪拌均勻，最後以鹽及黑胡椒調味即完成。

馬鈴薯沙拉的料可以自行做很多變化，像是加入火腿丁、毛豆、鮪魚、南瓜泥等等都可以。

說不清楚的神祕美味

酪梨莎莎醬

我對於嘗試新食物是很膽小的，像我以前一直都不太敢吃酪梨，它一副很軟爛的模樣令我望之卻步，而且每次看朋友大快朵頤時，都會問他們酪梨到底什麼味道（但自己死都不肯嚐一口是怎樣），他們幾乎都說不太出來，我只好合理懷疑酪梨就像榴槤一樣，有些不能說的祕密，是靠一股神祕的力量在誘惑世人。

後來是在美國時，要跟朋友分一份墨西哥卷，為了表現我是好人，只好硬著頭皮接受朋友點酪梨。用一種近乎恐懼的心情逼自己吞下去後，我突然明白為什麼朋友們都說不上來為何喜歡，因為它沒有顯著的味道是事實，除了軟爛沒有什麼口感是事實，但不知怎麼搞得我也覺得它有種說不上來的好吃，酪梨身體裡到底藏了什麼秘密！為何又詭異又迷人！

我現在對酪梨的喜愛，已經到了直接吃或是抹麵包都覺得美味的地步，週末夜晚興致一來，還會做酪梨莎莎醬配玉米脆片吃，跟老公配啤酒看場電影真是天大享受，一挖下去手根本停不了，每一口都有酪梨的 ______（是的我還是不知道如何形容人家，能精準形容出來的人歡迎來信投稿）、番茄的微酸、洋蔥的辛辣跟玉米脆甜，10 分鐘的準備就能弄出一大碗。

■ 快速料理　□ 親子共享　■ 事先作好也可以

食譜

材料（2人）

A
- 1顆酪梨｜對切去籽後，用湯匙挖出果肉，置於大碗中備用。
- 1/4顆紫洋蔥｜切丁（一般的洋蔥也可以，但會稍微辛辣些）。
- 1～2瓣大蒜｜切丁。
- 1顆牛番茄｜去籽後切丁。
- 1把香菜｜去粗梗後，切碎。
- 適量玉米粒

B
- 適量檸檬汁（使用綠萊姆也可以）
- 適量的鹽及黑胡椒

作法（不含前置作業時間約10分鐘）

將以上所有食材於碗中充分混和，在攪拌過程中將酪梨壓成泥，即完成。

- 酪梨買回來通常都還太生，記得要放在室溫，直到酪梨熟了才能放進冰箱，如果還沒熟透就放進冰箱，它們就凍齡很難再熟了。
- 判斷酪梨是否熟得剛剛好，可以搖搖看，如果聽得到中間的果核在動，肯定是熟了，快點殺了它或是把它冰起來，不然會熟過頭。另一個方式就是把蒂頭掰開來看一下裡面的顏色，如果是棕黃色，那就是熟到剛好；如果還很青綠，那趕快塞回去假裝不知道讓它慢慢變熟（嗯？）（Jamie Oliver說可以跟蘋果或香蕉放在同一個紙袋裡，隔天就會熟了）。

Recipe 05

讓人保持優雅的勝利午餐

番茄蘿勒冷義大利麵

說起來午餐應該是上班族覺得最嗨森的時光吧，坐在辦公室一上午，盼望的就是趁吃午餐可以跟要好的同事出去透透氣，大罵老闆跟講同事八卦（這樣對嗎）（對），那一小時的放風是不可或缺的人生曙光，辛辛苦苦上班不就為了這個嗎！（明明是為了錢吧）

但我覺得台灣地區的老天爺很不夠意思，因為台灣夏天實在熱到哭杯，中午在烈日之下在外出覓食，地上還冒出隱隱白煙，走在路上隨時都有斷氣的可能。而且好死不死台灣美食都是一些路邊麵攤或是走油膩風的便當店，就算滿頭大汗好不容易走到，坐在那裡吃也是一陣噴汗的煎熬，老天爺為何要讓這小確幸時光變得痛苦不堪呢！

在這種非常時刻，中午能帶便當變成不可或缺的生存之道，只是有些上班族可能前一晚沒有時間準備，或是租屋處沒有廚房，也有可能辦公室沒有微波爐／電鍋，就算想自己帶便當也心有餘而力不足。

嘿嘿嘿別擔心，那就跟著林姓主婦做這道爽口的冷義大利麵吧！做這道料理，唯一需要動火的就是煮麵，只有電磁爐也可以，其他都是很簡單的洗洗切切。前晚做好，隔天帶到公司繼續放冰箱，中午不用踏出大門一步，當別的同事吃飯回來妝都融了，瀏海都黏在額頭，只有你，依然優雅！

■ 快速料理　□ 親子共享　■ 事先作好也可以

食譜

材料（1 人）

A
- 小番茄數顆或 1 顆牛番茄｜切小塊。
- 1/4 顆紫洋蔥｜切丁（一般的洋蔥也可以，但會稍微辛辣些。
- 2 瓣大蒜｜切丁（怕口臭的話就自行省略）。
- 數片羅勒葉（也可以用九層塔取代，味道很類似，比較好買）
- 適量義大利捲心麵｜煮熟瀝乾備用。

B
- 適量的鹽及黑胡椒
- 適量初榨橄欖油

作法（不含前置作業時間約 3 分鐘）

將以上食材混和均勻，以適量鹽及黑胡椒調味，即完成。

也可以加玉米粒跟果乾，讓口味更豐富！

主婦小撇步 08

我的小小香草花園

林姓主婦是個不善花藝的女子，雖然有辦法養活一個孩子，卻沒有信心可以養活一顆種子，過去從沒想過要在自己陽台拈花惹草。是後來愛上 Jamie Oliver 的節目，看他動不動就去窗邊摘一把香草，還像癡漢聞少女內褲一樣閉眼忘情深呼吸，再切一切丟一大把進料理裡，覺得十分瀟灑帥氣，更相信那道菜有了新鮮香草的加持真的會美味不少，我才動了想要自己種香草盆栽的念頭。

現實地說，要買到零售新鮮香草還真是不容易。九層塔還算好買，但非常不耐擺一下就爛，有時炒完三杯雞看到用剩那些等著爛的九層塔，都覺得好可惜我乾脆生吞好了（剛好沒有其他九層塔料理想煮來吃的話），其他像是羅勒、迷迭香這種歪國品種的香草，只有進口超市有賣，臨時要用的時候根本沒辦法衝去，而且小小一把就好幾十塊實在貴桑桑。

由此可知，在家裡擺香草盆栽是相當正確務實的作法，去一趟花市就會發現非常便宜，平均 100 ～ 150 元，就能買到頭髮像歐陽菲菲一樣茂密的香草，做料理需要時剪一把，都不用怕剪成邱毅，而且會持續長出新的，只要確定陽台日照充足就很好養，可以從春天一直撐到冬天才陸續歸西。

A 迷迭香

迷迭香很好用喔，可以拿來醃各種肉排（加橄欖油、大蒜、海鹽、黃檸檬或綠萊姆一起醃就好）、做佛卡夏麵包、泡在水壺裡做成香料水拿來喝，或是煮義大利麵的時候加一小把進去增添香氣。迷迭香超級勇猛，隨便顧都會活。

檸檬薄荷

這我主要是做飲料時用，像是喝蜂蜜檸檬汁時，可以丟一小把，夏天喝超級透清涼的。或是簡單喝檸檬氣泡水時，加一些就可以假裝自己在酒吧喝一杯很有情調這樣。

C 九層塔

九層塔不用多說了吧，三杯雞、打拋豬、九層塔炒蛋、炒海瓜子等等都可以用。

D 檸檬百里香

適合拿來當做肉類的香料。

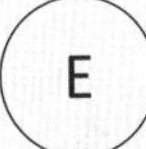

羅勒

羅勒就是歪國世界的九層塔，味道很像啊，可以拿來炒義大利麵或是做披薩，跟番茄超級搭的，橄欖油清炒的義大利麵加一小把羅勒也很棒。

> 有興趣養香草的記得每年春天一回暖就去花市買，因為不管你早晚買晚，它們都會約好在冬天相繼往生，你越晚買只是越快跟它們訣別而已，還是早買早享受吧！

Recipe 06

平易近人又面面俱到

麻油麵線煎

這個平易近人的麻油麵線煎實在非常多功能。它是家常料理，只想簡單弄點東西來吃的時候派它出場就對；它是親子料理，口味清淡卻香氣十足，大人小孩都喜歡吃；也可以說它是手指食物，因為蛋汁把麵線都攬牢牢，很適合剪成小塊讓小朋友用手拿著吃，所以我說它做人太面面俱到了，令人相當敬佩。

特別在寒冷的冬天，只要用麻油爆香一下薑絲，一聞到那味道腋下都濕了覺得好暖和有沒有（明明是自己腋下汗腺太發達吧），是道完全不用功力的小料理，10 分鐘內就可以生出來，我還好意思為此寫一篇食譜文，臉皮也是要夠厚。

■ 快速料理　■ 親子共享　□ 事先作好也可以

食譜

材料（1 份）

A ・1 把麵線｜用熱水泡 1 分鐘，稍微變軟就可撈起備用，不要用煮的，會太爛。
・1 顆蛋｜打成蛋液。
・2 小匙麻油
・1～2 片老薑｜切絲。

B ・少許的鹽及胡椒鹽

作法（不含前置作業時間約 3 分鐘）

1_ 用少許麻油熱鍋後，爆香薑。
2_ 朝鍋子中心放入蛋汁。
3_ 趁蛋汁凝固之前，將泡軟的麵線鋪在上面。
4_ 蛋汁那面煎熟後，翻面煎麵線那一面，直到麵線變成黃金微焦，即可起鍋。
5_ 依個人口味灑上一些鹽及胡椒鹽。

膚色暗沉才美味

涼拌大頭菜

每年一到四月實在很容易遇到大頭菜，坐捷運或是逛百貨都會偶然看到幾個（才不會），因為那正是大頭菜的產季，便宜又清甜，不買多可惜。

雖然鼓勵大家在寒冷的冬天做涼拌大頭菜時機有點不巧，敏感性牙齒的人看到可能牙齦都酸痛了一下，但我真的超級無敵喜歡涼拌大頭菜。

可別看它膚色暗沉，醃入味的大頭菜清脆爽口，鹹中帶甜、蒜中帶辣，口味跟我一樣台的人一定會喜歡，醃好一罐放冰箱，吃飯時拿一些出來配，超棒 der ！

☐ 快速料理　☐ 親子共享　■ 事先作好也可以

食譜

材料（1份）

A
・1顆大頭菜
・6～8瓣大蒜｜切碎丁。
・1～2條辣椒｜切小段。

B
・2小匙鹽
・1大匙糖
・2大匙醬油

作法（不含前置作業時間約20分鐘）

1_ 將大頭菜頭尾切平，立在砧板上，用刀子順著它腰身（？）將皮大略削下，再用削皮刀將表面削平整。
2_ 像切蛋糕一樣，把大頭菜切成八等份後，再把每條切成薄片。
3_ 用一個大盆，將切薄片的大頭菜丟入，加入2小匙的鹽巴，搓揉均勻後，放置1小時等候出水。
4_ 1小時後，將醃出的水倒出，再用冷開水將大頭菜稍微搓揉洗淨，並且瀝掉多餘水分。
5_ 將大蒜丁、辣椒丁、醬油、糖加入盆中，攪拌均勻後，放入密封罐裡。
6_ 在冰箱冰到隔天，即完成。

主婦小撇步 09

擺盤技巧大公開

說真的，要我們這一輩的新主婦煮出一桌大魚大肉、山珍海味是不可能的事情，但林姓主婦深深相信，只要搭配好看的食器跟簡單的擺盤技巧，平凡的家常菜在我們的餐桌上，也能變成一幅美麗的風景，擁有獨特的風格與美感，讓人看了食慾大開。

林姓主婦不是專業的食物擺盤跟攝影魔人，我只是掌握一些小小的撇步讓食物看起來更美味，在此分享幾個大重點，照片都有示範出來喔～大家可以比對著一起看嘿（用紅外線燈猛比劃）。

01

用好看的鍋，
從烹調到上桌一鍋到底，方便又美觀

我個人狂愛 LC 鍋，顏色飽滿的它在餐桌上充滿亮點。我也很喜歡土鍋，可以呈現出另一種樸實溫潤的質感。

02

學學 Jamie Oliver，善用木砧板取代盤子

只要不是湯湯水水的食物，都可以試試看放在木砧板上，隨意堆成一座小山，視覺跟美感都跟放在瓷盤上完全不同。

03

設計簡單、帶有一點粗獷手感的
盤子，特有味道

帶有滿滿印花或圖案的盤子，需要運用更多擺盤技巧，才能讓食物放上後不會顯得凌亂，使用設計簡單的盤子就可避免這個問題，建議大家優先購買這種。

琺瑯器皿，簡約又有風格

琺瑯器皿很有北歐感，設計很簡單，上桌卻很有風格，像是 falcon 烤盤、無印良品的琺瑯盒，我都很常使用。

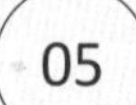

上桌前，記得把食物集中在中央，用餐巾紙擦拭把周圍的湯汁擦掉

一盤佳餚，若上菜時在盤中已經歪歪斜斜，湯汁四溢，感覺就有些 low 掉。記得養成這個小動作，料理看來會更細緻。

買幾塊好看的餐巾，當做隔熱墊或是餐墊

只要不是溫度太高的鍋類，都可以把餐巾隨意摺起，襯在盤子或是木砧板底下當餐墊跟裝飾。無印良品、Crate and Barrel 都有賣很多好看的餐巾。

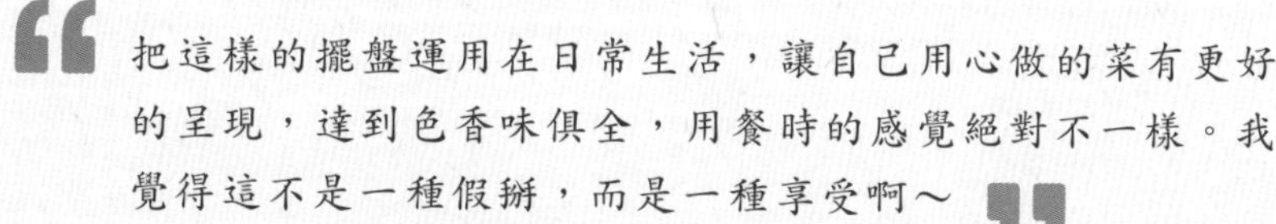

“把這樣的擺盤運用在日常生活，讓自己用心做的菜有更好的呈現，達到色香味俱全，用餐時的感覺絕對不一樣。我覺得這不是一種假掰，而是一種享受啊～”

Chapter 7

想騙騙老公自己很行或是在家聚餐就靠它

騙甲騙甲功夫菜

主婦小撇步 10

主婦的小習慣

林姓主婦嫁做人婦至今已滿五年，雖然還不到資深歐巴桑的層級，但這些日子以來，還是有養成一些讓我主婦生活更得心應手的小習慣，在這邊一次分享。

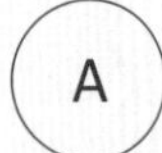

A 不買不確定能收哪的東西

這不只是講廚房用品，而是泛指所有要買回家的東西。

很多人都說討厭家裡亂，卻無法克制買一些超出空間負荷的東西，讓居住環境不知不覺變得擁擠凌亂，怎麼收都讓人覺得阿雜。

我特別怕亂，所以買東西前，都會先想好要收哪，現在幫兒子添購玩具也是一樣原則，這讓我們家始終清爽舒適，生活空間不會被過多物品霸占。

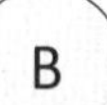

邊煮菜邊收拾

再怎麼喜歡下廚的人，也很痛恨酒足飯飽後的收拾善後工程。其實可以學會利用「等菜熟」的這些零星空檔，順手把砧板、菜刀、洗菜盆，還有一些已經用不到的碗盤洗起來。反正家庭料理也不至於用多大的火快炒，一般的火侯不時翻炒兩下就可以，你一直站在前面死盯著那鍋菜人家壓力才大。

這些時間看似瑣碎，不過一旦養成習慣，動作快起來的話，絕對可以讓你在上菜前把廚房幾乎收拾好。像我已經練功多年，現在開動時，我多半可以收到像是沒煮過飯一樣，如此一來，飯後要洗的碗盤就變少許多，吃飯的心情也會跟著輕鬆不少。

每次煮完，必擦流理台

炒菜難免會濺些油花到流理台上，若當餐煮完就用廚房濕紙巾搭配餐巾紙，很快就能擦拭乾淨，但油花一旦久放乾掉，就會變得很黏膩難纏，以後只是花更多時間清理。所以別拖了，每次順手擦一擦，斷了後患最乾脆。

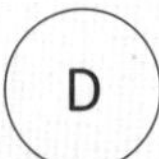

定時打開冰箱瞄瞄存貨

我很怕看到冰箱被塞滿滿，這代表裡面一定有很多東西等著要壞掉。避免這點，首先就是要搞清楚裡面到底有哪些東西，特別是採買之前。我的冰箱除了冷凍食材及需要冷藏的醬料之外，其他食材幾乎是每週為單位在更新。掌握存貨，不過度採買囤積，是不二法門。

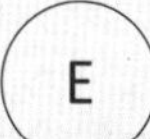

隨手收納，每日歸位

我習慣每天睡前把當日用過的東西歸位，因為屋內的物品根本而言不會過多，每一樣都有屬於自已的位置，不會淪落成無家可歸的孩子夜宿街頭，所以把東西放回原位是很順手且容易的事情。每天睡前花 3 分鐘，這樣無意識的整理，會讓你的家保持整潔，住起來絕對舒爽很多。

非常時刻拿來唬一唬老公
與親朋好友

珍珠丸子

珍珠丸子是頗受歡迎的一道小點跟年菜，但其實我從來沒有想到要做，因為絞肉料理沒有辦法邊炒邊試味道，需要在生肉階段就先調好味，熟了才知道好不好吃，讓我覺得難以掌握好害怕。直到有次為了要幫專欄的過年企劃想推薦菜單，一研究才發現沒有想像中難，端出來又非常像一回事，超適合在非常時刻嚇唬一下老公或是親朋好友，不是過年也可以吃。

說到試味道，聽說歐巴桑都會直接把手伸進去生肉裡沾兩下，再舔一口確認鹹度，但我現在自己帶小孩已經夠忙，還要浪費時間烙賽怎麼可以，不像歐巴桑時間比較多，多跑幾趟廁所大概覺得無所謂吧（還是歐巴桑腸胃已經強健到吃生肉都不會挫賽）。

既然沒有歐巴桑的 guts，為了要確認味道，我做好肉泥時只好土法煉鋼先做一塊小肉餅煎熟試吃，雖然麻煩一點，但鹹度就可以被調到很剛好，所以不用逼自己去舔生肉泥嘿。

☐ 快速料理　■ 親子共享　■ 事先作好也可以

食譜

材料（26～28 顆）

A
- 600g 豬絞肉｜以刀背剁細。
- 8～10 尾蝦仁｜以刀身先壓扁，再用刀背剁成泥。
- 3～4 朵新鮮香菇
- 1 根筊白筍（一般使用 7～8 顆荸薺，但我沒買到，改用筊白筍）
- 2 根蔥
- 3 片薑
- 1 顆雞蛋
- 2 杯糯米（杯為大同電鍋量杯。圓糯米或長糯米皆可，我是使用圓糯米。）｜用水浸泡 1 小時，瀝乾備用。

B
- 30ml 醬油
- 20ml 米酒
- 10ml 麻油
- 半茶匙鹽
- 少許胡椒鹽
- 2 茶匙太白粉

作法（不含前置作業時間約 30 分鐘）

1_ 將香菇、筊白筍、蔥、薑切成末（用調理機切碎盆或果汁機慢打比較快）。

2_ 將所有食材，連同調味料，放入一個大盆中充分混合。

3_ 將肉泥捏成貢丸大小的肉球，整成型即可，不用刻意拍打或是壓緊，不然吃起來會太紮實。

4_ 在肉球表面滾上糯米，盡可能填滿細縫，蒸起來比較好看。

5_ 鍋子水滾之後，放上蒸籠以中大火蒸 15 分鐘，即完成（可放置 10 分鐘再挪到盤中，糯米會比較定型，不怕一夾就變形移位）。

- 可以直接蒸好冷藏，隔天再蒸熱就可以吃。但剛出爐的糯米會比較漂亮，如果想要賣相更好，就先把肉球捏好，放在保鮮盒中，隔天滾一滾糯米就可以拿去蒸，省時很多。
- 這樣的分量不少，但我覺得反正一次功，不如多做幾個，大家可以盡情吃，吃剩的就冷凍起來，之後蒸一下就能吃，是很方便的小點。
- 在珍珠丸子上面放個枸杞，會有畫龍點睛的效果，看起來更美味。

Recipe 02

端出來超像一回事

蝦鬆

蝦鬆看起來一副很厲害的樣子，讓人覺得在餐廳才會吃到，但自己在家做卻非常簡單，而且非常快熟，直接現炒也不過花幾分鐘的時間，特別的日子想吃點不一樣的美食，我想蝦鬆會是很好的選擇！

■ 快速料理　□ 親子共享　□ 事先作好也可以

食譜

材料（4～6人）

A
- 20～25尾蝦仁｜洗淨擦乾後，切小塊備用（約大拇指指甲大小）。
- 2根筊白筍｜切小丁。
- 4～5根芹菜｜切小丁。
- 4～5片老薑｜切細丁。
- 1根蔥｜切細丁。
- 1條油條｜剪成小丁。
- 1顆美生菜｜將菜葉完整取下，剪成手掌大小，可冰鎮備用，吃之前再將水擦乾，會更清脆。

B
- 適量紹興酒
- 少許的鹽和白胡椒

作法（不含前置作業時間約10分鐘）

1_ 將薑末及蔥末泡在紹興酒裡10分鐘，取出後，把酒擠乾。
2_ 以少許油熱鍋後，爆香薑末跟蔥末。
3_ 加入蝦仁拌炒至表層微微變紅。
4_ 加入筊白筍丁繼續拌炒。
5_ 蝦仁丁全熟後，加入芹菜末快速拌抄。
6_ 起鍋前，在鍋邊嗆入少許紹興酒，再加少許鹽及白胡椒。
7_ 把油條丁置於盤上，鋪上炒好的蝦鬆，美生菜放一旁備用，即完成。

- 油條可以前一晚先買好，要吃的時候用烤箱烤一下，香酥口感會重現。
- 蝦鬆可以加入很多不同的食材，但主角還是蝦，也就是說像筊白筍、芹菜丁、油條都是可有可無，加的話增加口味跟口感，但沒有的話靠蝦跟紹興酒的味道也就夠了。

Recipe 03

省事又有賣相

燒酒蝦

在家聚餐的時候，桌上有一鍋紅吱吱的燒酒蝦，總讓大家看了更熱熱鬧鬧心情好。蝦子的紅非常漂亮，而且很快熟，是忙碌時刻省時又有賣相、最能一舉兩得的好食材。

只要直接到中藥行買配好的燒酒雞藥包，完全不用調味，一鍋熱騰騰又很補的燒酒蝦就搞定；如果被嫌味道不夠好，記得跟大家說不能怪你，請他們直接去中藥行怪老闆藥包沒配好。

食譜

材料（4～6人）

A
- 20～25尾蝦（我是買藍鑽蝦，超級肥美、又脆又甜，有機會可以買來試試）｜將鬚鬚跟腳剪掉備用。
- 1包燒酒雞藥包（中藥行都有賣，有些大賣場也會賣）｜以水稍微沖過備用；紅棗可以轉一下捏破，煮的時候甜味會更出來。

B
- 1瓶米酒

作法（不含前置作業時間約40分鐘）

1_ 將米酒與水煮滾（比例約2：1，但沒有很絕對，我是加1瓶紅標米酒，剩餘的就用水補）。

2_ 丟入藥包，以小火繼續煮30分鐘。

3_ 將蝦子入鍋，煮到殼變紅即完成。

香菇肉燥的遠房親戚

義大利肉醬千層麵

我一直覺得義大利肉醬跟香菇肉燥根本就是遠房親戚，這兩種肉醬，一個酸甜，一個鹹香，卻同樣好吃又百搭。

有些食譜在做義大利肉醬時，會建議添加紅酒、培根、月桂葉或是一些香草，但林姓主婦做菜多年來秉持著一種「減法哲學」，只使用最基本、好取得的食材及調味料，至於那些錦上添花的配方，家中不一定會備著，我也不想為了煮一道菜而特別去買，就視情況省略。

這個食譜我做了好幾次，還招待過不少朋友，由大家的反應看來應該夠好吃，請放心的跟我一起偷懶省點事，用以下材料就絕對美味囉！

☐ 快速料理　☐ 親子共享　■ 事先作好也可以

食譜

材料（4～6人）

A
- 500g 牛絞肉
- 2 顆牛番茄 | 切塊。
- 1 罐整粒番茄罐頭（我使用 Hunts Whole Peeled Plum Tomatoes 411g 裝）
- 1 顆洋蔥 | 切丁。
- 5 瓣大蒜 | 切丁。
- 適量千層麵
- 適量起司絲

B
- 100ml 番茄醬
- 適量的鹽及黑胡椒

作法（不含前置作業時間約 50 分鐘）

I. **肉醬：**

1_ 以少許油熱鍋後，加入洋蔥拌炒至微焦黃。

2_ 加入大蒜丁稍微拌炒，緊接著加入牛絞肉炒至熟。

3_ 加入牛番茄丁塊、番茄罐頭、番茄醬，跟鍋中食材充分拌勻後，轉小火燉煮 30 分鐘（需不時攪拌一下避免黏鍋），最後以適量鹽跟黑胡椒調味，即完成。

II. **千層麵：**

1_ 在烤盤底層抹上一層橄欖油，鋪上一層肉醬。

2_ 接著鋪上千層麵，再鋪肉醬，以此類推，到最上層再放上一層肉醬，灑上起司絲，以烤箱 200 度烤到表層變金黃，即完成。

- 有的千層麵不用煮，可以直接在乾麵的情況下放入，在烤的過程中就會跟醬汁一起受熱變軟，很方便，買之前可以看一下包裝說明確認。
- 若需要先煮過，請依包裝說明建議的時間處理，將水分瀝乾後就開始鋪。
- 調味的時候，吃起來要比你一般覺得ok的鹹度再鹹一些，這樣拌到麵裡味道才夠；如果你的肉醬只調到當下覺得剛好的味道，那拌麵之後會太淡。
- 吃不完的肉醬可以分裝冷凍，哪天加班回家翻冰箱突然看到你絕對會感動落淚。
- 千層麵烤好後，放置20分鐘左右再切，比較不會散開。

Recipe 05

學起來可以騙騙朋友

日式雞唐揚

每次看料理節目主持人一邊說做 XXX 其實很簡單，一邊拿油鍋要出來炸或過油的時候，我都忍不住翻白眼，想說都要動到油鍋了會簡單到哪裡去，會說這種話的人八成都在餐廳工作，很少在家裡下廚（指）！

會在家煮飯的人應該都會認同，難的不是炸東西這件事，而是為了炸，要浪費非常多油，還會把家裡搞到充滿油煙味，是很不討喜的一個料理手法，我是能避免則避免，99.99% 的情況會自動略過需要經過油炸的食譜。

但是呢，身為鹹酥雞的鐵粉，我覺得我不試著自己在家做日本的鹹酥雞「雞唐揚」實在有失禮數（會不會太牽拖），而且它在日本確實是個平實的家常料理，應該難不到哪去。有次破例為它開油鍋後，真是被雞唐揚的美味給折服了，雖然要浪費一些油跟產生油煙味終究是不爭的事實，但至少它很值得。

自己在家炸的好處是油絕對很乾淨，還能嚐到外層酥脆、裡面多汁那剛出爐的口感，坦白說自己會做之後，在外還真的很難吃到更好吃的雞唐揚呢（撥瀏海）。朋友來家裡聚餐時，做這道料理招待絕對很有誠意又有面子，大家一定都會喜歡，不學起來騙騙朋友就太可惜了！

食譜

材料（3～4人）

A
- 3片去骨雞腿肉｜切塊。
- 1小塊薑｜磨成泥。
- 5瓣大蒜｜磨成泥。
- 1顆蛋｜打成蛋液備用。

B
- 30ml醬油
- 15ml味醂
- 15ml檸檬汁
- 10ml清酒或水

C
- 適量太白粉

作法（不含前置作業時間約20分鐘）

1_ 將薑泥、蒜泥、醬油、味醂、檸檬汁混成醃料，放入雞腿肉醃1小時。

2_ 熱油鍋，拿木筷放入油鍋中；筷子周邊冒小泡泡，代表油溫夠高，轉成中火備用。

3_ 倒入10ml的清酒或水至雞肉醃料中，把雞肉再混合攪拌一下（可以讓肉變得更多汁）。

4_ 取出雞肉，沾上蛋汁，再裹上薄薄一層太白粉，入鍋油炸。

5_ 炸到外層呈現淡金黃色後，先取出放在瀝網上，靜置5分鐘（可鎖住肉汁）。

6_ 再入鍋回炸到金黃色，即完成；吃之前可以再擠一些檸檬汁增添風味。

放下醬油拿起白酒吧

普羅旺斯紅椒燉雞

好啦我先承認這個名字是我亂取的，我也不知道普羅旺斯燉雞確切而言是什麼味道哇哈哈，但根據我多年觀看國外料理節目所偷學到的，要做這種法國人的燉菜，總之就是要加白酒或紅酒，番茄也很重要，既然我這道燉雞符合以上兩個要件，我想把普羅旺斯冠在它頭上應該也還說得過去啦。

一般而言，我習慣把雞腿做成蔥燒口味，但有時也該變化一下料理方式，才能跳脫出原有的框框發現新味道。在意識到自己過度依賴蔥燒滷雞腿這一味的時候，我毅然決然放下手中的醬油，改成靠大量的番茄跟甜椒來燉煮，果然成功做出不同於以往的美味。

這道燉雞想當然爾，雞腿肉會燉到非常軟嫩，而醬汁除了有番茄跟甜椒的自然酸甜，更有白酒揮發後所留下的特殊果香，無論拿來配白飯或是沾麵包都非常好吃，特別適合聚餐時燉一鍋讓大家一起享用，賣相跟可口程度絕對不輸餐廳！

☐ 快速料理　☐ 親子共享　■ 事先作好也可以

食譜

材料（4 人）

A
- 4 隻棒棒雞腿肉
- 2 顆甜椒｜切塊。
- 1 顆洋蔥｜切塊。
- 數顆蘑菇｜切片。
- 1 罐整粒番茄罐頭（Whole Peeled Plum Tomatoes，14.5oz）

B
- 150ml 白酒
- 30ml 番茄醬
- 適量的鹽及黑胡椒

C
- 適量的水
- 少許麵粉

作法（不含前置作業時間約 1 小時）

1_ 以少許油熱鍋後，將棒棒雞腿肉沾上薄麵粉，入鍋煎到表面金黃，取出備用。

2_ 於同一鍋，繼續放入洋蔥拌炒至微焦黃。

3_ 加入甜椒及蘑菇，炒至甜椒變軟、蘑菇出水。

4_ 將雞腿肉放回鍋中，再加入番茄罐頭、白酒、番茄醬，最後用水將醬汁補到約八分滿。

5_ 醬汁滾後，蓋上鍋蓋以小火燉煮約 40 分鐘，待雞腿肉已經燉軟嫩即可。

6_ 最後用少許鹽及黑胡椒調味，即完成。

- 這種西式燉雞，不需要將雞肉完全放入醬汁中燉煮，可以讓雞肉部分表層露出在上層，保留些許口感，所以建議使用類似平底鍋的鍋具，表層面積大但淺，而不是使用深鍋。
- 承上，在上述第4步驟要補水的時候，記得不需要醃過全料，大約加水加到八分滿（約50ml）即可。

Recipe 07

酸甜涮嘴老少咸宜

蜂蜜檸檬香煎雞翅

親朋友好來家裡聚餐，準備一些手指食物提前上桌，讓大家可以先拿在手上吃，填填肚子，絕對是明智之舉，不然耐不住肚子餓的朋友肯定會到廚房關切進度，就算他們裝成一副雲淡風輕，只是隨口問問不要在意的模樣，還是足以把忙著料理的主人搞到胃酸都湧上。

雞翅料理是我很喜歡的手指食物，小小一個，大人小孩都很方便拿起來啃食，而且它有一定的止餓效果，給客人吃幾個，就可以幫自己爭取到半小時繼續在廚房奮戰。

最常見的就是水牛城辣雞翅，但為了讓兒子也能吃，我特別想了一種老少咸宜的口味「蜂蜜檸檬香煎雞翅」。除了在醃料裡面加入蜂蜜之外，起鍋前還會再補一些，讓外層裹上一層糖漿，吃起來有些脆脆的口感，搭配醃入肉裡的檸檬香氣，酸甜又涮嘴，客人吃到一定會甘願繼續等你慢慢煮其他菜的！

□ 快速料理　■ 親子共享　■ 事先作好也可以

食譜

材料

A
- 8 隻雞翅
- 5 瓣大蒜｜切碎。
- 1 顆黃檸檬（使用綠萊姆也可以）｜擠汁備用。

B
- 4 小匙蜂蜜｜ 2 小匙用於醃料，2 小匙於起鍋前淋上。
- 2 大匙橄欖油
- 適量的鹽及黑胡椒

作法（不含前置作業時間約 15 分鐘）

1_ 將雞翅以大蒜、檸檬、鹽、黑胡椒、蜂蜜及橄欖油等材料醃 30 分鐘。

2_ 以適量油熱鍋後，在雞翅上灑上薄麵粉，入鍋以中小火煎至熟。

3_ 起鍋前，以長木筷夾著餐巾紙，將鍋中的油吸乾。

4_ 轉小火，淋上 2 匙蜂蜜，將每隻雞翅均勻沾上，即完成。

Recipe 08

悟出人生道理才做出的美味

日式串燒家常版組合

想當年林姓主婦還是俏麗 OL 時，領薪水跟繳卡費前之間那短短幾天，是我生活最為闊綽的時光，因為戶頭裡面看起來有些積蓄，顯得自己似乎是個理財得當的成熟女子，但這假象頂多只能維持五天。在那充滿希望的五天，跟朋友相約去吃日式燒肉，是最奢侈的享受，雖然隨便點一點就動輒一千元，掏錢的時候都很想跟老闆殺價，但無論如何還是讓人覺得美味又滿足。

現在家裡有個小屁孩，我不管有錢沒錢，都進不了燒肉店，畢竟那裡的環境跟食物都太不適合我兒子。含淚回想那些大口吃燒肉的聚會，我感到悵然所失，在這樣悲憤的心情中，我再度領悟出「靠自己最實在」的人生大道理，起身把櫥櫃裡調味料拿出來和一和，做成家常版的烤肉串。

雖說家常，而且都是運用常見的調味料，但變出來的口味可是非常厲害，我如果趁亂送進日式燒肉店給客人吃，他們可能還會想要加點呢。在家要弄，用牛排煎鍋就能煎出非常類似碳烤的焦香口感，吃的時候配個冰啤酒，不用上燒肉店，也能吃到一樣的好料！

林姓主婦的日式串燒家常版組合如下（隆重拉開布幕）（照片中的順序由左至右）

1. 麻香鹽麴雞腿佐柚子胡椒
2. 辣味噌烤牛肉串
3. 蜂蜜蒜味豬五花

■ 快速料理　□ 親子共享　□ 事先作好也可以

食譜

材料（2～3人）

I. 麻香鹽麴雞腿佐柚子胡椒

A ・2 片去骨雞腿排｜切小塊。

B ・4 小匙鹽麴　・2 小匙麻油
・2 小匙醬油　・2 小匙大蒜末

C ・柚子胡椒醬（要買日本來的，自己可做不出來）

II. 辣味噌烤牛肉串

A ・適量牛排肉｜切小塊。

B ・4 小匙韓式辣醬　・1 大匙味醂
・2 小匙味噌　・1 大匙清酒（用米酒也可以，但清酒比較香）

PS. 以上調味料，於鍋中用小火拌勻變成醬料備用。

III. 蜂蜜蒜味豬五花

A ・適量豬五花肉塊｜切小塊。

B ・1 大匙蜂蜜　・1 大匙清酒
・1 大匙醬油　・1 大匙大蒜末

作法（不含前置作業時間約 10 分鐘）

I. 麻香鹽麴雞腿佐柚子胡椒

將去骨雞腿肉以 B 項醃料醃 1 小時後，煎至表面焦黃即完成，吃的時候搭配柚子胡椒醬，爽口微辣好過癮。

II. 辣味噌烤牛肉串

將牛排肉沾上適量 B 項醬料，煎至表面焦黃即完成。（因醬料濃稠，不需要醃，沾了直接去烤即可）

III. 蜂蜜蒜味豬五花

將豬五花以 B 項醃料醃 1 小時，煎至表面焦黃即完成。

PS. 在家用煎的話，建議先煎再串，不然可能會因為肉串的肉大小不一，沒辦法完全接觸到鍋面，受熱不均而烤不好吃。
若用鑄鐵煎盤，肉不要切太大塊。因為用鑄鐵煎盤一定要燒到非常熱，肉才能放下去，不然會沾鍋。如果肉太大塊，很可能外層已經快焦，裡面卻還沒熟。

主婦小撇步 **11**

用這本食譜，配出一桌澎湃好菜

自己下廚後就會知道，做出一、兩道菜不難，但要做出一桌菜，除了要顧及食材上的搭配，還要考慮口味間的和諧，可就沒那麼容易柳。

有時為了招待客人，或是有重要家庭聚會時，翻了一本又一本的食譜，還是不知該如何交叉運用、變成一桌菜，最後就是惱羞成怒把食譜蓋上，自暴自棄繼續賣弄同樣那幾道菜，端上桌的時候自己覺得氣勢很弱但又莫可奈何，應該是蠻多料理新手遇到的窘境。

女人的青春是有限的，就讓林姓主婦替大家免去想菜色的痛苦，把這時間拿去敷面膜吧！我直接列出這本食譜可以做出的三大主題桌菜，照著做一定賓主盡歡呦！

A 日式主題

選一道肉類當主菜

- 馬鈴薯燉肉（P.72）
- 肉豆腐（P.78）
- 鹽麴松坂豬（P.82）
- 日式薑燒豬肉（P.84）
- 紅酒蘑菇牛肉（P.90）

或是直接煮一鍋美味飯

- 鮭魚毛豆炊飯（P.126）
- 栗子地瓜雞肉炊飯（P.128）
- 日式雞肉野菇炊飯（P.130）
- 香甜玉米牛蒡炊飯（P.136）

弄個日式沙拉跟涼拌豆腐，來道配菜

- 日式酒蒸蛤蠣（P.148）
- 明太子烤馬鈴薯（P.150）
- 栗子馬鈴薯沙拉（P.152）
- 日式雞唐楊（P.180）
- 日式串燒家常版組合（P.186）

還有力氣的話，再弄個湯吧

- 南瓜栗子濃湯（P.110）
- 檸檬時蔬豬骨湯（P.116）
- 馬鈴薯玉米濃湯（P.118）

B 西式主題

選一個主食

- 迷迭香檸檬雞腿排（P.88）
- 鮮蝦牛肝菌菇油漬番茄燉飯（P.140）
- 白酒蛤蜊蕃茄炊飯（P.144）
- 番茄蘿勒冷義大利麵（P.156）
- 義大利千層肉醬麵（P.178）
- 普羅旺斯紅椒燉雞（P.182）

烤些蔬菜或是弄盤沙拉，再配個麵包，或弄個小菜

- 酪梨莎莎醬（P.154）
- 蜂蜜檸檬香煎雞翅（P.184）

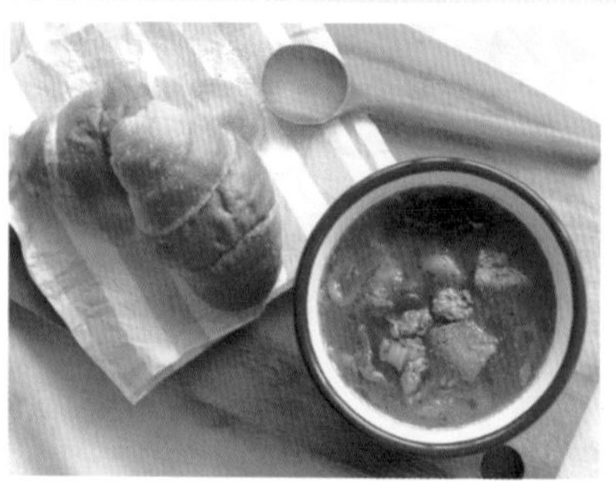

弄個濃湯

- 南瓜栗子濃湯（P.110）
- 羅宋湯（P.114）
- 馬鈴薯玉米濃湯（P.118）
- 洋蔥湯（P.120）

C 台式主題

事先滷一鍋肉

- 番茄紅燒牛肉飯（P.22）
- 家常滷肉（P.28）
- 蔥燒雞腿（P.30）

或是炒一鍋米粉

・什錦炒米粉（P.60）

弄一鍋美味飯也行

・香菇南瓜飯（P.132）
・香菇高麗菜飯（P.134）

炒盤青菜，燉個湯

・香菇雞湯（P.106）
・老菜脯雞湯（P.108）

還有力氣的話，再弄些配菜

・涼拌大頭菜（P.162）
・珍珠丸子（P.172）
・蝦鬆（P.174）
・燒酒蝦（P.176）

照片提供｜小日子享生活誌

Chapter 8

為日子添加一點創意與美感

生活小事物

Items 01

愛不釋手

Blue Bottle 隨行杯

今年夏天，我膽大包天獨自帶著 1y7m 大的兒子前往美國灣區住了一個多月，每天就跟著他在公園、草地、動物園東奔西跑，在拚老命陪玩一上午之後，到 Blue Bottle 喝杯咖啡是讓我回過神的最佳解藥。

離開美國前一天，為了感謝 Blue Bottle 的精神支持，我再度造訪，意外看到架上出現了這個之前從未看過的隨行杯，二話不說買了一路扛回台灣。

店員說這不是新品，已經上市好一陣子，我以前沒看過可能是單純缺貨。但問我住當地的朋友，她也說從沒看過，我想應該還是有點稀有吧，被我遇到真是緣分，這個讓我愛不釋手的隨行杯。

Items 02

命中註定的偶遇

Pepe桑的貓

Pepe 桑是一個喜歡畫貓的日本畫家，很常來台灣四處旅行，漸漸地，他會在一些咖啡廳或是小店辦畫展。有次偶然逛到後，便跟老公說我無論如何一定要找一幅帶回家。

沒想到一開始最喜歡的幾幅畫竟然都被訂走了，又再跑了幾個小畫展終於遇到這幅頂雲貓（名字是我亂取的）。

回家掛上之後，才發現跟旁邊的藍綠色復古吊燈很搭，那個小角落因此有了屬於自己的顏色。

親自挑的家具跟擺飾品，果然都不出一個風格，怎麼搭，都會搭。

Items 03

南法的旅行回憶

一把薰衣草

我跟老公是去南法度蜜月。那裡四處都會賣薰衣草花束，民宿老闆也很愛在玄關插一大把於玻璃瓶內，空間的風格當場變得不一樣。我很想帶一些回來，可惜台灣禁止攜帶入境，只好放棄。

回到台灣又過了一段時日，我才買到一大束薰衣草回家放。

這一把應該擺三年了吧，香氣早已散去，薰衣草的深紫色也有些淡掉，但模樣依舊迷人，放在我的餐書桌上，襯著後面暖暖的鵝黃色牆，好像，還有那麼一點南法風情呢。

Items 04

增添享受的輕鬆飲品

一杯果汁氣泡水

有時在家想喝果汁氣泡水，但想到還要切水果榨果汁就又覺得一陣懶。

其實可以趁下次弄果汁的時候，特別多榨一些，做成冰塊磚，要喝時丟幾塊果汁冰磚進杯裡就搞定，有客人來家裡時，更是一個看起來很厲害但明明準備很簡單的宴客飲品。

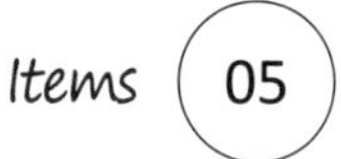

適當的留白與等待

一面海報牆

我有點偏執狂，很多時候做事喜歡一氣呵成，譬如說旅行回來，不管幾點，我一定要把行李都整理好，儘快把家回復成正常模樣，才甘願休息。

但當初在布置這個家的時候，我卻刻意忍下自己的偏執，只買了幾個必要家具，其他的就慢慢找，總覺得放在家裡的東西，一擺就是好幾年，買錯就糟了，不能急著硬買。

其中一個留白的空間，就是這面牆。我已經預計要在這掛一整面的海報，但需要時間找。大概又過了一年左右，我才陸續買齊海報，把這面牆補到我滿意的密度。

上頭的海報，有的是旅行時從歐洲跳蚤市場買回，有的是從國外網站訂購再託朋友帶回，也有在台灣購買的。我很喜歡目前這樣的和諧感，看著它們，總覺得這就是最好的組合，就一直這樣擺下去吧。

照片提供｜小日子享生活誌

Items 06

酸甜適中的美味

人人都會做的藍莓果醬

藍莓果醬製作起來非常簡單，只要把藍莓用小火煮，不需要加一滴水，藍莓受熱後會慢慢破掉，自然流出果汁變成醬，最後僅需要加一些糖或蜂蜜增加甜度，若有檸檬汁也可以順手擠一些，短短的10分鐘就搞定！

因為實在太快弄好了，我都不想買市售的藍莓果醬，自己製作的果醬，不像市售果醬死甜，可以放心給小孩吃；吃剩的可以放在密封罐冰著，繼續吃個幾天。

藍莓果醬有很多使用的方式，我最常這樣吃：

1. 當鬆餅沾醬
2. 當吐司麵包沾醬
3. 淋在原味優格上，再加早餐穀片，這樣就不需要買市售的調味優格，絕對更好吃。
4. 做成香蕉藍莓鬆餅（用叉子將1根香蕉於碗中壓碎，再加入1顆全蛋、2匙中筋麵粉、1匙藍莓果醬，混合均勻，以小火將兩面煎微焦即可）
5. 加入氣泡水裡，做成藍莓氣泡水。

Items 07

實用且養眼

一舉兩得的玻璃罐

每次看到玻璃罐，總要咬緊雙唇才能忍住不買，即便如此，家裡還是囤著超出我所需的玻璃罐……

會這樣失心瘋，全是因為實在太喜歡把東西裝進玻璃罐那清爽的樣子，又是收納又是裝飾，實用且養眼。可惜現在的家層架空間有限，不然我一定會把更多乾貨裝進玻璃罐擺上。

下一個家，一定會留兩大排層架給它們的！

Items 08

客廳的小亮點

巴黎來的綠毛線椅凳

我很喜歡逛 Pinterest 網站，它讓用戶可以依照不同主題瀏覽各種照片，也可以把自己在網路上看到的美圖拼貼、收集在自己的 Pinterest 帳戶。Pinterest 上分很多主題，像是料理美食照、流行穿搭照、建築與室內設計等等都有，每次打開都讓我流連忘返。

當初布置新家時，我沒找設計師，主要就是靠逛 Pinterest 跟大量翻閱雜誌圖片尋找裝修靈感。有天逛著逛著，突然在 Pinterest 上看到一張毛線椅凳的照片，那溫潤可愛的模樣有夠討喜，可惜我想遍各種可能的翻譯方式跟關鍵字，都搜尋不到台灣哪裡有賣。

不久後我跟老公去南法度蜜月，最後三天待在巴黎，竟然在一家百貨被我看到這個毛線椅凳，還是我最愛的顏色！它其實有點大，一路扛回台灣似乎有點瘋狂，行李還可能超重要被罰錢。我天人交戰了非常久，但真的覺得錯過它就是永遠，仗著還新婚，就任性而為了一番，決定買了，好險最後有順利帶回台灣。

結婚至今已經五年，那個毛線椅凳依舊是我們客廳的小亮點，以後無論搬到哪裡，我應該都會帶著它，因為那有著我們新婚旅行的回憶。

照片提供｜小日子享生活誌

Items 09

沖一杯生活的味道

手沖壺

不敢喝牛奶的我，多年來去咖啡廳都只會點摩卡，必須要靠濃濃的巧克力醬把奶味蓋過，才能安心入口。這樣喝了十多年，其實也蠻膩的，而且摩卡根本喝不太到什麼咖啡味，有時想想會覺得我到底在裝會什麼。

照片提供（左／右）| 小日子享生活誌

正覺得自己跟咖啡大概緣分已盡時，被我喝到了一杯溫順不苦澀的手沖黑咖啡，一改我過去對於黑咖啡的刻板印象，我便一頭熱買了所有手沖咖啡的工具，想要在家學著自己沖。

這個手沖壺是相對貴的，一個好像要三、四千塊，當時我猶豫了一下，怕自己只是三分鐘熱度，但秉持著「工欲善其事，必先利其器」的人生道理（嗯？），我終究還是買了。

看別人都能夠很輕鬆地用水柱在咖啡粉上畫出同心圓，自己沖的時候才發現繞圈時根本連水壺都拿不穩，像是在澆土一樣亂灑，沖出來的咖啡更是像中藥一樣難以入喉。

還好，屋子裡現磨咖啡豆的氛圍實在太迷人，我沒有就此放棄。拿塊小布用左手扶著手沖壺的屁股，注水的力道就穩了。這個手沖壺的水柱很細緻，果然如人所說，適合還不會控制力道的新手。

接著把咖啡豆磨粗一些，把水溫降一些，注水的時候不要停頓太久，咖啡的苦味就變溫柔了，我終於慢慢學會沖出自己喜歡的咖啡。

現在，每天早上若能沖杯咖啡，會覺得再幸福不過，畢竟要跟兒子搏鬥一天，先灌一杯才能堅強面對（挺）。

Items 10

賞心悅目的存在

木砧板

我很喜歡看 Jamie Oliver 的料理節目，雖然他示範的菜色，礙於許多食材在台灣不易取得，且口味與我們的飲食文化有些差異，要真的融入日常生活還挺不容易，但我很享受看著他隨性狂野地運用各種食材及調味料來烹調，相當羨慕他有著跳脫框架、不受拘束的思維。

他的擺盤風格也讓我深深著迷，其中一個特色就是他喜歡把食物堆疊在舊木板上，看似不經意，但當鏡頭一拉遠來個俯拍，就會看到整道料理的視覺呈現非常完整。

在被他不斷洗腦之下，我看到好看的木板也會忍不住買回家，雖然我們的料理比較湯湯水水，無法像 Jamie Oliver 狂用，但它們依舊是我櫥櫃上令人賞心悅目的存在，無論如何我都不會拋棄它們的（抱緊處理）。

照片提供｜小日子享生活誌

Items 11

設計簡單卻搶眼

北歐老件吊燈

我覺得在家裡掛一盞北歐老件吊燈，對於營造風格非常有幫助。我就買了兩盞，分別放在餐廳跟書桌。它們的確十分稱職，一掛上，幾乎就變成那一區的焦點，讓我們家每個角落都有屬於自己的特色。

這種吊燈我覺得有兩大特色，一是線條簡單，二是用色飽滿，對我而言，是百看不厭的經典設計。

Items 12

低調不搶戲的簡約

米白色的窗簾與木百頁

靠自己布置一個家，挑選採買每樣物品，是個環環相扣、耗時又費心力的過程，所以適度簡化決策流程，是讓自己好過點的關鍵。

我的意思是，能用最簡單的方式解決的，就不要花太多心思，儘快跳過換下一題才是王道，像是挑窗簾。

窗簾樣式百百種，但在我的認知，那應該是家中最無存在感的一個物件，因為屋內已經有很多擺設，彼此要搭配得宜就頗不容易，如果連窗簾都很有風格甚至花俏，只是增添更多煩惱而已。

我沒有卡在挑選窗簾這關太久。

我們家採光很好，為了讓陽光灑進，我估計客廳的窗簾不會常常拉上，而且跟對面房屋隔了幾個巷子的距離，不太有隱私的問題，這樣的設想就更無顧忌。

於是我很快就決定，客廳的落地窗要選用單層的米白色布料。這窗簾只有在夏天太陽太烈時，才會將整片拉上；拉上後，仍會透進適度的陽光，帶給屋內溫柔的光線。隔壁的另一扇窗，則是使用木百葉，隨時都闔上，也覺得簡約清爽，比布窗簾耐看多了。

這幾年住下來，我始終享受這面窗的風景，無論窗簾收起或是拉上。還是一句，能簡單的，就讓它簡單吧。

Items 13

牆上的妝點

像海報的年曆

我從來不會買吊掛式的年曆放家裡。一來是現在查日期都用手機，紙本月曆的實際意義變得薄弱，二來是我對年曆的印象，幾乎被企業行號送的老土風格洗板，上面總是一印一些醜不啦機的水果或是吉祥物，讓人看了心頭一寒。

一直到今年，我在誠品偶然逛到這個插畫年曆，每頁我都好喜歡，就決定帶回家。沒想到一路也翻到八月了，我把過去撕下的每一頁都小心留著，等著有天，要把它們放進木框，擺成一面海報牆，一定很美。

Items 14

人生至今最大成就

我的兒子

本來沒打算讓兒子露面，但又很想偷偷在這本書裡，放一張他這個時期的照片，總覺得以後看到會覺得分外有趣。

兒子現在1y8m，正練習拿杯子喝水。看著他小心翼翼捧著，小口小口啜著，如此努力想要完成這個全新的挑戰，試著長大，坐在對面的我竟情不自禁紅了眼眶。

我想藉由這本書記下這份感動，提醒自己，這兩年能夠暫時放下工作當個全職媽媽，陪兒子經歷大大小小的第一次，是件多麼奢侈與幸福的事。

Items 15

恰到好處的姿態

中看也中用的北歐老件餐櫃

找到這個北歐老件餐櫃時，簡直就像中樂透一樣幸運！

我不喜歡用太多木作裝潢的家，總覺得太多太滿了，而且缺乏變動的可能。所以當我有機會布置自己新家時，我只做極少的木作，絕大多數都是靠現成家具來塑造氛圍。

一直很欣賞北歐老件的獨特氣息，當時跑了很多家專賣店，想要尋找合適的單品櫃回家擺放。礙於老件的現貨跟品質很不一，我無法鎖定特定款式作為採購目標，想當然爾也不可能設想好家中擺放的空間，只能在逛到喜歡的之後，再想想可以擺在哪，而且還要丈量尺寸，確定放得下才行。

這幾乎像是大海撈針般的尋覓過程，耗掉我好幾個週末的時光，就在我幾乎要放棄時，抱著薄弱的希望走進青田街上的魔椅，沒想到竟然被我看到這個餐櫃。

這餐櫃的形狀比較特別，屬於上層窄、下層深的半梯形設計，美感十足。而且雖然是幾十年的老物件，狀態卻非常良好，門片開合順暢，木頭沒有明顯受損或是汙漬，內部結構更是堅固完整。

一看到我便賴在店裡不走，別的客人作勢想摸我都一律趕走（沒有啦開玩笑的），在腦海中想好新家要放哪時，立馬打電話請老公跑一趟幫我確認尺寸。就那麼巧，這個餐櫃的高度剛好閃過牆上的電箱，牆下方的插座也完全沒被擋到，左右寬度適中，簡直像為我們家量身訂做一樣。

一個餐櫃活了幾十年，晚年竟然一路從歐洲飄洋過海來到台灣，用恰到好處的姿態住進我們家，每每想起，總覺得這緣分不可思議。這是個中看也中用的餐櫃，裡面藏著我許許多多的鍋碗瓢盆，底部較深的設計，在收納大鍋子的時候特別方便，我真是挖到寶。

照片提供｜漂亮家居

Items 16

食物照片的好朋友

易皺體質的桌巾

開始拍食譜照的時候，我曾特別跑去永樂市場，想要找一些好看的布當做襯底，那時覺得永樂市場真是天堂，便宜又好看的布很多。但畢竟住得離永樂市場頗遠，帶著兒子要殺過去總是麻煩，後來我都是在無印良品或是 Crate and Barrel 添購新貨。

跟永樂市場比起來，無印良品或是 Crate and Barrel 的桌巾實在貴太多了，至少是兩到三倍的價錢，我買之前往往猶豫很久。但使用了一段時間後，發現我更喜歡這些新買的桌巾，因為布料裡經常混著一些麻，屬於易皺體質，對於一般人可能是個困擾，但對於追求自然風的我卻是最棒的狀態。

每次拍照，我都會挑一條桌巾墊在鍋子或是盤子下方，小訣竅是要留意桌布跟盤中食物的顏色搭配，像是深色的滷肉就要襯淺白色的桌巾，讓肉的色澤可以跳脫出來；淺色的豬肉片料理，就可以襯色彩鮮豔一點的桌巾，讓畫面豐富一點。簡單說，兩者之間的顏色應該要互補，而不是互搶。

說起來，桌巾真的是我拍照的一大輔助功臣，以後看到喜歡的還要繼續買，這真是一條不歸路（醜臉哭）。

國家圖書館出版品預行編目資料

林姓主婦的家務事：「留著青蔥在，不怕沒菜燒」的
新世代主婦料理哲學／林姓主婦 著 – 初版 . --
臺北市：三采文化，2016.9
面： 公分 . -- (好日好食)

ISBN：978-986-342-688-2 (平裝)
1. 生活風格 2. 食譜
427.1 105014048

Copyright © 2016 SUN COLOR CULTURE CO., LTD., TAIPEI

好日好食 031

林姓主婦的家務事：

「留著青蔥在，不怕沒菜燒」的新世代主婦料理哲學

作者｜林姓主婦
副總編輯｜鄭微宣 責任編輯｜戴傳欣
美術主編｜藍秀婷 封面設計｜池婉珊 內頁排版｜陳育彤
食譜料理攝影｜林姓主婦 食譜情境攝影｜日常散步 李盈靜 照片提供｜小日子享生活誌、漂亮家居
專案經理｜張育珊 行銷企劃｜ 周傳雅

發行人｜ 張輝明 總編輯｜ 曾雅青 發行所｜ 三采文化股份有限公司
地址｜ 台北市內湖區瑞光路 513 巷 33 號 8 樓
傳訊｜ TEL:8797-1234 FAX:8797-1688 網址｜ www.suncolor.com.tw
郵政劃撥｜ 帳號：14319060 戶名：三采文化股份有限公司
本版發行｜ 2016 年 10 月 20 日 定價｜ NT$350

著作權所有，本圖文非經同意不得轉載。如發現書頁有裝訂錯誤或污損事情，請寄至本公司調換。 All rights reserved.
本書所刊載之商品文字或圖片僅為說明輔助之用，非做為商標之使用，原商品商標之智慧財產權為原權利人所有。